BULLETIN ÉCONOMIQUE
DE L'INDOCHINE

INSPECTION GÉNÉRALE DE L'AGRICULTURE
DE L'ÉLEVAGE ET DES FORÊTS

COMPTE RENDU DES TRAVAUX

1928-1929

II. — ENTOMOLOGIE ET CRYPTOGAMIE

HANOI

—

1930

TRAVAUX D'ENTOMOLOGIE

PAR

R. COMMUN

*Chef de la Division de Phytopathologie et du Laboratoire
d'Entomologie de Saigon.*

Les questions suivantes ont été étudiées pendant les années 1928 et
1929 : parasites animaux du riz, du maïs, du caféier, de l'hévéa, du
théier, du cotonnier, de la canne à sucre, du kapokier, du palmier à
huile, du tabac, de l'arachide, de cultures diverses (vigne, filao, sesbania, pomme de terre, jeunes plants en pépinière).

PARASITES DU RIZ

Les parasites du riz étudiés au laboratoire appartiennent aux trois ordres suivants : hémiptères, lépidoptères, coléoptères.

I. — HÉMIPTÈRES.

Des *Podops* (*Scotinophara* sp.) se sont montrés nuisibles dans plusieurs provinces de l'Ouest cochinchinois : Rach-gia, My-tho, Soc-trang.
Ces punaises pondent, à la base des tiges, des masses hexagonales d'œufs
blancs. Les insectes qui en sont issus piquent les chaumes qui se flé-
trissent. Parmi les moyens de destruction préconisés, une élévation de
15 à 20 centimètres du niveau d'eau dans la rizière n'est applicable
que dans un nombre limité de cas. Lorsqu'on peut le mettre en œuvre,
un grand nombre d'œufs et de larves sont détruits.

Une notable proportion d'œufs de Podops sont habités par des hyperparasites : ils prennent alors une teinte noire caractéristique. Il y

rait un vif intérêt à tenter l'isolement des plantes parasitées, l'élevage des hyménoptères auxiliaires, leur mise en liberté dans les champs atteints. Ce travail, qui nécessiterait une mise au point pratique, rendrait de grands services aux riziculteurs. Nous nous proposons de le commencer pendant la prochaine campagne rizicole.

Outre la lutte directe, il est un point particulièrement important que les riziculteurs doivent s'attacher à suivre le mieux possible : *destruction, après la récolte, des chaumes restant en place et maintien, pendant la période de non culture, de la propreté de la rizière et des diguettes. Par l'extirpation des mauvaises herbes, on enlève aux parasites la possibilité de subsister jusqu'à la campagne rizicole suivante.*

Certaines rizières ont porté de petits hémiptères verdâtres, *Nephotettix bipunctatus,* longs de 4 millimètres. Les mâles portent sur chacune des ailes supérieures, à mi-longueur, un point noir. Ces ailes sont noires à leur extrémité. Les femelles n'ont pas de points dorsaux ; l'extrémité des ailes supérieures est brune. Ces parasites considérés aux Indes Britanniques comme assez dangereux ne semblent pas causer de dégâts sensibles en Cochinchine.

II — Lépidoptères.

Une tournée effectuée au début d'avril 1928 dans les provinces de Vinh-Long et de Soc-Trang a, précisément, montré l'existence de parasites du riz sur les plantes spontanées des diguettes et dans les chaumes restés en place. Des chenilles du *Cnaphalocrocis medinalis,* du *Chilo simplex* ; des adultes du *Precis atlites* ont été trouvés à l'intérieur de tiges de riz ou sur ces dernières ; de nombreux adultes de l'*Utetheisia pulchella* ont été vus sur l'*Heliotropium indicum,* abondant le long des diguettes. Des chenilles de ce parasite ont été élevées avec des feuilles de riz. Il y a donc lieu de s'en débarrasser.

Du Nord-Annam, sont parvenus au Laboratoire quelques adultes d'un lépidoptère parasite de jeunes plants de riz. L'état des échantillons à leur arrivée à Saïgon en a rendu la détermination difficile. Toutefois, il semble bien qu'il s'agisse du *Spodoptera Mauritia* Fam. *Noctuidae.* Ce papillon signalé dans divers autres pays d'Asie, Indes britanniques, Ceylan, Java, Chine, Philippines, etc..., cause certaines années de très importants dégâts. Ses apparitions sont irrégulières ; rien ne permet de les prévoir. Les femelles pondent, en général, à la face inférieure des feuilles de riz ou des plantes spontanées. Les œufs sont disposés en masses recouvertes de poils jaunâtres provenant de l'abdomen des femelles. Les chenilles, dont la longueur à complet développement est d'environ 40 millimètres, sont glabres ; leur coloration générale est

Division de phytopathologie, Saïgon — Bureau du chef de division

Division de phytopathologie, Saïgon — Un coin de l'insectarium

Division de phytopathologie, Saïgon. — Salle de chauffage.

Division de phytopathologie, Saïgon. — Un coin du laboratoire

grise. Les anneaux abdominaux ont une bande médiane rouge, deux lignes dorsales et une latérale jaunes. De plus, ils ont des taches noires en forme de croissant. La transformation en chrysalides a lieu dans le sol.

Les moyens de lutte doivent viser les différents stades de la vie de l'insecte. Ce sont : *le ramassage et la destruction des œufs ; la destruction des chenilles et des chrysalides.*

1° Lorsqu'une pépinière est parasitée, il faut la circonscrire, sans retard, d'un fossé étroit aux bords abrupts. Les chenilles, au cours de leurs migrations, tombent dans ces fossés d'où il leur est impossible de sortir et où l'on peut les écraser ;

2° Dans les parcelles attaquées, il faut récolter les chenilles. Les dégâts de ces dernières sont, en général, nocturnes. Le jour, elles sont sous des débris végétaux, sous les herbes etc. On peut, dans ces endroits, en capturer des quantités notables ;

3° Lorsqu'il est possible de le faire, il est indiqué d'inonder les zones atteintes, en additionnant les eaux de très faibles doses de pétrole. Cette inondation contraint les chenilles à monter le long des ma. On peut alors, soit les récolter à la main, soit les précipiter à l'eau en courbant violemment les tiges de riz à l'aide d'une corde ou d'un bambou. Les chenilles âgées peuvent monter de nouveau le long des ma. Il faut donc évacuer l'eau après leur chute ;

4° Enfin, les canards et les oiseaux sont d'utiles auxiliaires de l'homme par leur friandise des chenilles. Les indigènes des Indes Britanniques attirent les seconds en épandant du riz cuit au voisinage des lots attaqués par le Spodoptera ;

5° La destruction des chrysalides.

Après une présence abondante du parasite, il est prudent de retourner la couche superficielle du sol pour récolter une partie des chrysalides qui s'y trouvent et empêcher l'évolution du reste.

Des touffes de riz attaquées par une pyrale : le *Cnaphalocrocis medinalis*, encore nommée : la pyrale tigrée, nous sont parvenues de l'Ouest cochinchinois. Les dégâts causés sont, en général, de faible importance. Il faudrait une abondance remarquable de chenilles pour que la croissance du riz fût compromise. La pyrale tigrée s'attaque, la nuit, aux feuilles dont l'épiderme supérieur est dévoré par la chenille. Le limbe apparaît translucide : les feuilles attaquées font, sur l'ensemble vert de la rizière, des taches blanchâtres. Le plus souvent, la chenille du Cnaphalocrocis se confectionne un abri en repliant longitudinalement la feuille qu'elle parasite ; à l'intérieur de cette loge, elle se transforme en chrysalide. L'adulte, qui a quinze millimètres d'envergure, est caractéristique : ses ailes, qu'il tient, au repos, presque complètement étalées, portent des rayures transversales marron sur un fond jaune : trois raies sur les ailes supérieures, deux sur les ailes inférieures.

Le *Cnaphalocrocis medinalis* attaque de préférence les maïs transplantés tardivement. Il a été rencontré souvent dans des parties de rizières ombragées. Aucun moyen économique de lutte n'a été préconisé contre lui jusqu'à ce jour. Il faut noter toutefois que l'adulte est attiré par la lumière.

III. — COLÉOPTÈRES.

Deux chrysoméliens ont été signalés, nuisibles aux feuilles. Ce sont : l'*Aulacophora palliata* et l'*A. forcicollis* (*Abdominalis*). Lorsque leur nombre est élevé, on peut s'en débarrasser en faisant passer, de très bon matin, des coolies dans les lots attaqués. Ils secouent les tiges au-dessus de récipients contenant de l'eau et du pétrole où les insectes tombent et se noient.

En résumé, pour lutter contre les insectes parasites du riz :

a) Pendant la période de végétation de ce dernier couper, sans délai, au niveau du sol, toutes les touffes qui jaunissent. Les détruire immédiatement le plus près possible du lieu d'arrachage. Dans le cas de parasitisme très développé, utiliser suivant les circonstances les pièges lumineux, le ramassage des œufs, des larves ou des chenilles, protéger les hyperparasites etc...

b) Après la récolte du paddy, assurer la destruction des chaumes et des plantes spontanées des diguettes. Sans quoi, l'on fournit aux insectes les conditions les plus favorables à leur développement jusqu'à la saison suivante.

L'exécution de ces mesures sur un vaste territoire est une condition essentielle d'efficacité.

PARASITE DU MAIS

Des cultivateurs de la province de Bien-Hoa se sont plaints de ce que les épis de maïs constituant leur récolte étaient décimés par un insecte très abondamment représenté. Sur des échantillons reçus au laboratoire se

trouvaient un certain nombre de charançons du riz : le *Calandra oryzae*
dont la présence a été signalée au Tonkin par Duport. Ce parasite, dont
la longueur varie de 3 à 4 millimètres, est de coloration générale brune ;
un examen macroscopique permet de distinguer nettement sur les
élytres quatre taches orangées. La femelle pond sur les grains à l'intérieur
desquels les larves pénètrent dès leur éclosion et d'où elles sortent à
l'état adulte. La ponte a lieu avant ou après la récolte. Les dégâts causés par les larves et par les adultes sont fort importants : les grains
sont vidés complètement de leur contenu et l'on peut voir les calan-
dres à-demi-entrées dans ceux-ci pour se nourrir. Le nombre des géné-
rations qui naissent chaque année rend la présence de ce parasite encore
plus dangereuse.

Plusieurs remèdes ont été proposés pour le détruire. Citons :

a) *Des pelletages fréquents des céréales entreprosées* accompagnés
de chocs contre une surface dure. Ni les œufs, ni les jeunes larves
vivant à l'intérieur des grains ne sont tués ;

b) *La désinfection des greniers* par blanchiment des murs et des
poutres au lait de chaux, puis par fumigation, d'une durée de 48 heures,
au sulfure de carbone ou à l'anhydride sulfureux.

M. A. Pienalli a expérimenté en France avec succès le tétrachlorure de
carbone, le paradichlorobenzène et la chloropicrine. Mais, le maïs étant
cultivé par les indigènes, aucun de ces produits — actuellement du moins
ne peut être conseillé pour soustraire les grains aux attaques de leurs
parasites. Or, les charançons qui vivent sur les épis de maïs, rassem-
blés sur ces derniers, lorsqu'ils sont à l'ombre, se dissimulent au
contraire, lorsqu'ils sont exposés directement à la lumière solaire. Cette
particularité peut être utilisée dans la protection des épis de maïs :
ces derniers sont attachés le long d'une corde tendue au soleil ; les
charançons les abandonnent. Pour assurer leur destruction on prépare
dans le voisinage immédiat plusieurs petits tas de maïs ou de paddy
qui fonctionnent comme pièges et qu'on visite régulièrement.

PARASITES DU CAFÉIER

Ils appartiennent aux trois ordres suivants :

Hémiptères, lépidoptères, coléoptères.

— 8 —

I. — HÉMIPTÈRES.

Des rhynchotes de la famille des *Psyllides* ont été signalés sur les feuilles et les rameaux non aoûtés. Deux pulvérisations d'une émulsion pétrolée combattent efficacement ces parasites : ce produit dont la formule est :

    Savon dur .... 250 grammes ;
    Pétrole .... 8 litres ;
    Eau .... 4 litres.

se prépare de la façon suivante : 250 grammes de savon dur sont dissous dans 4 litres d'eau bouillante. On ajoute le mélange ainsi obtenu, bouillant, à 8 litres de pétrole lampant. On agite violemment jusqu'à obtenir une consistance crémeuse. Cette émulsion peut être conservée. On la dilue pour l'emploi dans 15 fois son volume d'eau. Les émulsions de pétrole auxquelles on a ajouté de l'eau ne se maintiennent pas longtemps homogènes. Employer ces émulsions diluées peu après leur confection ; sinon, il y a dépôt de gouttelettes de pétrole sur les feuilles qui sont brûlées. Une addition de nicotine et d'alcool doit augmenter le pouvoir insecticide de cette émulsion. Delacroix préconisait l'introduction de la nicotine en faisant infuser des feuilles de tabac, grossièrement contusées et en quantité assez forte dans le liquide qui doit servir à diluer le mélange pétrolé. L'alcool peut être ajouté à la dose de 4 % d'alcool non rectifié à 90°.

Des *Fulgorides* voisins du g. Ricania ont été signalés sur les mêmes parties du végétal. Le traitement précédent a été préconisé contre les larves. Les cochenilles vertes : (*Lecanium viride*) sont détruites par une ou deux applications de la même émulsion.

II. — LÉPIDOPTÈRES.

De Cochinchine, le laboratoire a reçu quelques individus de borer rouge = *Zeuzera coffeae*. Voici deux caractères distinctifs des dégâts causés par le borer rouge et par le borer blanc (larve d'un cérambycide : *Xylotrechus quadripes*).

BORER BLANC	BORER ROUGE
Attaque la tige du caféier ; vit dans une galerie qu'il comble après son passage : ne rejette rien à l'extérieur.	Attaque généralement les rameaux, rarement la tige ; vit dans une galerie vide : rejette des boulettes blanchâtres à l'extérieur

Lorsqu'on s'aperçoit de la présence du borer rouge, si la chenille est dans un rameau, couper ce dernier et le brûler ; si elle parasite la tige, injecter dans la galerie, par le trou d'entrée de l'insecte, un demi-centimètre cube de sulfure de carbone, boucher ensuite l'orifice avec un tampon de fibres imprégnées de goudron.

Du Kontum, le laboratoire a reçu un certain nombre de chenilles de la famille des *Psychides*. Le mode de parasitisme des psychides est le suivant : les chenilles se confectionnent chacune un fourreau long de 3 centimètres environ ; elles vivent à l'intérieur de ces fourreaux, qui sont garnis extérieurement de brindilles disposées longitudinalement ; elles se déplacent le long des rameaux en sortant la tête et se fixent à la partie inférieure des feuilles dont elles dévorent rapidement le limbe. A la moindre alerte, elles rentrent la tête et restent immobiles à l'intérieur de leur enveloppe. Leur grand nombre les rend souvent dangereuses. On a obtenu de très bons résultats, dans la lutte contre ces lépidoptères, avec des pulvérisations arsénicales dont voici la formule :

Arséniate de soude	100 grammes ;
Chaux	3.000 grammes ;
Eau	100 litres.

Ce produit s'est montré inoffensif pour les caféiers ; toutefois, lorsqu'on le peut (ce ne fut pas ici le cas) il y a intérêt à remplacer l'arséniate de soude par l'arséniate de chaux beaucoup moins soluble et moins toxique pour les végétaux. La formule devient celle-ci :

Arséniate de chaux (en poudre fine)	250 grammes ;
Chaux	3.000 grammes ;
Eau	100 litres.

L'arséniate de plomb peut également être employé ; il a l'avantage d'être très actif comme insecticide et très peu nocif aux plantes ; par contre, il est plus coûteux que l'arséniate de chaux. On l'emploie selon la formule :

Arséniate diplombique pur	200 grammes ;
Eau	100 litres.

On le trouve, dans le commerce métropolitain, sous un aspect pâteux ; on le délaie dans l'eau au moment de l'emploi.

Le chlorure de baryum, moins toxique que les arsenicaux, peut être employé dans la lutte contre ces chenilles. Voici une formule.

Chlorure de baryum .... 1 kgs. 500 ;
Mélasse ou colle de poisson .... 2 kgs. ;
Eau .... 100 litres.

Le chlorure et la mélasse sont dissous séparément l'un et l'autre dans 40 litres d'eau. Puis on verse la mélasse dans le chlorure de baryum. On parfait l'hectolitre avec de l'eau. Il ne faut jamais mélanger le chlorure de baryum avec une bouillie cuprique, car il se formerait du sulfate de baryum inactif. Quel que soit l'insecticide utilisé, il faut préalablement l'appliquer à un petit nombre de plantes malades afin de constater la résistance des végétaux au produit employé.

III. — Coléoptères.

Du Nord-Annam, le laboratoire a reçu des échantillons d'un scolytide, probablement le *Xyleborus coffeae*. Ce coléoptère parasite les rameaux de faible diamètre. On s'en débarrasse en coupant et en incinérant ces derniers.

Des *vers blancs* ont attaqué de jeunes caféiers en Annam et leur ont causé des dommages sensibles. La lutte qui est assez coûteuse doit viser les larves, les adultes, les pontes et être menée sans interruption.

Tous les procédés ci-après mentionnés ont fait leurs preuves ; mais ce sera surtout le point de vue économique qui guidera dans leur adoption. Certains produits comme le sulfure de carbone, excellents insecticides, sont trop coûteux pour être employés en grande culture. On les réservera pour des lots restreints très éprouvés ou qui ont une grande valeur.

A — *Destruction des larves.*

1° *Injections de sulfure de carbone.*

30 grammes par mètre carré sont distribués en 4 trous faits à l'aide du pal injecteur. Les trous ne doivent pas être à moins de 25 cm. des tiges, afin que le traitement ne nuise pas au végétal. Profondeur de l'injection : de 20 à 30 centimètres suivant la situation des larves dans le sol. Afin d'éviter des pertes le produit insecticide, il est conseillé d'opérer de préférence lorsque le sol est humide, surtout si la terre est légère. Ce procédé de lutte, très efficace, est dispendieux (coût minimum à l'hectare : 650 $). Il ne peut donc être appliqué que sur de petites parcelles particulièrement attaquées ou aux produits desquelles on attache une importance particulière.

2° Injections de benzine.

Dans les mêmes conditions et aux mêmes doses que celles de sulfure de carbone. La benzine n'est pas dangereuse pour les végétaux traités. Le traitement doit coûter environ 400 $ à l'hectare. Il est trop dispendieux pour être appliqué en grand.

3° Chaux.

La chaux qui a été recommandée en Europe dans la lutte contre les vers blancs doit être employée en trop grandes quantités pour qu'on puisse l'indiquer utilement dans les régions tropicales où les sols sont, en général, peu riches en matières organiques.

4° Récolte des larves.

Si des labours doivent être faits dans les lots parasités, il est indiqué de faire suivre chaque charrue d'un ou de deux enfants qui récoltent et détruisent les larves déterrées. Les labours, par le seul fait qu'ils ramènent à la surface du sol de nombreuses larves, causent la mort de ces dernières qui ne résistent pas à l'action de l'air et des rayons solaires. On peut également utiliser le goût des oiseaux de basse-cour et des porcs pour les vers blancs en les amenant sur les zones fraîchement labourées.

B. Destruction des adultes.

1° Hannetonnage.

Les Scarabéides adultes se tiennent, en général, la nuit sur les arbustes des haies et sur les arbres. Lorsqu'on a repéré les endroits où ils se trouvent, de fort bonne heure, le matin, on secoue au-dessus d'une grande toile les rameaux sur lesquels les insectes sont encore engourdis. Ces derniers tombent dans la toile et sont ensuite détruits soit par immersion dans l'eau bouillante, soit par incinération, soit de la façon suivante : ils sont versés dans un lait de chaux qu'on brasse pendant quelque temps, puis qu'on jette dans une tranchée profonde et large d'un mètre cinquante environ. On recouvre de 20 cm. de terre le mélange d'insectes et de chaux. Pour être efficace, le hannetonnage, que l'on emploie de façon méthodique en Europe, doit être pratiqué dès l'apparition des adultes, avant la ponte et sur une vaste surface.

2° Pièges lumineux.

Un certain nombre d'adultes peuvent être capturés par l'emploi de pièges lumineux formés chacun d'une lampe à acétylène protégée par un fanal contre les verres duquel les insectes se heurtent. Au-dessous du foyer lumineux est un entonnoir relié à un sac où les Scarabéides tombent après le choc.

C) Destruction des pontes.

Près des endroits parasités, travailler soigneusement une faible surface. Les femelles aiment à pondre dans un tel milieu. Après la ponte, enterrer les œufs par un labour de 30 cm. environ. On peut améliorer ce moyen de défense en épandant, sur la terre préparée, une couche de chaux vive en poudre, épaisse d'environ un centimètre. Les femelles, en pondant, se couvrent de chaux qui obstrue leurs stigmates et les fait mourir.

Enfin, deux insectes, actuellement sans importance économique, mais qu'il est prudent de détruire, sont parvenus au laboratoire. Ce sont : un Chrysomélien : *Corynodes* sp.) et un Curculionide *Desmidophorus* sp.).

PARASITES DE L'HEVEA

Ils appartiennent aux deux ordres suivants :

Hémiptères, Coléoptères ; en outre, certains planteurs ont eu à protéger leurs jeunes stumps contre des *rats*.

I. - Hémiptères.

Les jeunes plants en pépinières sont souvent atteints *d'Helminthosporiose*, maladie cryptogamique, considérée comme peu grave, qui occasionne sur les feuilles de nombreuses petites taches blanchâtres circulaires bordées d'une marge brune. Il semble bien qu'un puceron ou qu'un acarien soit lié à la propagation de cette maladie. On a rapporté la présence, très abondante, d'un parasite animal dans une pépinière de Cochinchine alors que l'helminthosporiose sévissait. D'ailleurs PETCH (Ceylan) et STEINMANN (Indes Néerlandaises) signalent la présence d'acariens sur des hevea malades d'helminthosporiose. Un traitement rationnel de cette maladie doit donc atteindre le parasite animal et le champignon.

Contre le parasite animal.

Employer en pulvérisation, sur les deux faces des feuilles, une lessive contenant :

    75 grammes de chaux vive ;
    200 grammes de fleurs de soufre ;
    100 litres d'eau.

Voici, d'après HOULBERT, le mode de préparation de cette dernière : Le soufre, imbibé d'alcool, est amené à l'état de bouillie à l'aide d'eau, puis on éteint la chaux et avec 25 litres d'eau chaude, on prépare un lait. On verse le soufre dans le lait de chaux. Le mélange obtenu est mis une heure sur le feu. Au bout de ce temps, on complète à 100 litres avec de l'eau froide. On laisse revenir la lessive à la température ordinaire avant de l'employer.

Contre le champignon.

Dix jours après ce dernier traitement, faire sur les deux faces des feuilles atteintes une pulvérisation de bouillie bordelaise à 2 %.

II. — COLÉOPTÈRES.

Quelques exemplaires d'un cérambycide : le *Ceresium simplex*, récoltés dans la province de Baria ont été envoyés au laboratoire. Ils parasitaient le tronc de jeunes arbres. Le traitement signalé plus haut au sujet du borer rouge du caféier leur est applicable.

Les feuilles de très jeunes hevea en pépinière ont été attaquées à la fin de la saison sèche, en terre rouge de Cochinchine, par divers curculionides, trop peu nombreux pour être dangereux. Voici les noms des insectes : le *Desmidophorus breviusculus* ; l'*Astieus luteralis* ; le *Sipalus granulatus*. Étant donné la nature des dégâts qu'ils occasionnent aux feuilles, si leur nombre venait à croître, il y aurait lieu de les détruire au moyen d'un insecticide interne. Lorsque les insectes ne sont pas nombreux, il suffit de les faire ramasser à la main par des coolies.

Sous l'écorce soulevée de certains arbres, de nombreux adultes d'un ténébrionide : le *Crypticus nebulosus*, ont été trouvés. Leur importance économique est nulle. Ils ne se logent que sous des écorces en mauvais état où ils trouvent un abri.

En outre, quelques arbres de deux ans morts ont été percés de nombreux trous par un bostrychide, le *Xylothrips floripes* fort abondant.

III. — RATS.

Des stumps récemment mis en place ont été préservés des attaques de ces rongeurs par le moyen suivant déjà employé par M. SALOMON, planteur de Cochinchine : autour du jeune hevea qu'on veut protéger et près de lui, on dispose 3 ou 4 bouts de bois enduits de goudron ; sur ce stump lui-même, on met quelques touches de ce produit. Plusieurs plantations ont mis ce procédé en œuvre avec succès. Un autre planteur a préservé ses plants en passant sur leur base de la teinture d'alès. La présence de certaines plantes de couverture à grand développement : le calopogonium, par exemple, favorise la venue des rongeurs et nécessite la mise à nu du sol dans un rayon d'environ un mètre autour des jeunes arbres.

Parmi les matières qui peuvent servir à la préparation d'*appâts empoisonnés*, le carbonate de baryum est à signaler. Toxique aux rongeurs en très faibles quantités, il ne l'est pas, à ces doses, pour les oiseaux de basse-cour, les chiens, etc. Il en faut au moins 1 gramme pour tuer une poule ; 7 grammes pour tuer un chien. Toutefois, il est tout indiqué, lors de la mise d'appâts au baryum, de surveiller les animaux domestiques. Le carbonate de baryum se conserve bien, ce qui est une circonstance appréciable : toute trace de moisissure faisant délaisser le produit par les rats. La conservation est améliorée par enrobage de l'appât dans une mince pellicule de paraffine.

Voici une formule que l'on peut facilement préparer :

> Paddy .... 6 parties (en poids) ;
> Carbonate de baryum .... 1 partie.

Il faut bien mélanger les deux produits, par exemple en les mettant dans un récipient clos et en agitant ce dernier énergiquement. L'appât doit être légèrement humide ; on le distribue en petits tas équivalents à une cuillerée à café. Chacun de ces tas peut être enveloppé d'un morceau de papier. L'opération doit être faite le soir : le lendemain matin, il faut ramasser et détruire les appâts restés intacts. Il y a intérêt à distribuer dès la première soirée, une quantité de poison assez importante pour que tous les rats présents puissent en absorber. Pour accroître les chances de destruction des rats, il est bon de disposer d'abord des appâts non empoisonnés aux endroits où l'on placera ultérieurement les mêmes aliments empoisonnés. Si les rats les mangent, on leur substitue les appâts toxiques en laissant un intervalle d'une nuit.

La formule suivante à la strychnine est voisine d'une préparation qui, d'après M. C. E. PEMBERTON, donne de bons résultats aux Hawaii :

> Strychnine .... 0 kg. 030 ;
> Paddy écrasé .... 6 kg. 500 ;
> Soude .... 0 kg. 030.

La préparation est semblable à celle de l'appât au carbonate de baryum. De grandes précautions doivent être prises lors des manipulations de la strychnine. Cet alcaloïde est mortel pour l'homme à la dose de trois centigrammes.

Pour que la lutte contre les rats soit efficace, il est indispensable qu'elle soit entreprise simultanément sur une grande échelle : de petits essais isolés ne font que déplacer les zones d'invasion.

PARASITES DU THÉIER

I. — Hémiptères.

Certains planteurs d'Annam ont remarqué sur leurs jeunes théiers des hémiptères qu'ils identifient à un *Helopeltis* sp. Aucun de ces parasites n'est parvenu au Laboratoire. Si cet insecte existe réellement en Annam (des échantillons doivent être envoyés au Laboratoire pour détermination), il faut lutter contre lui sans délai. Parmi les nombreuses mesures qui ont été préconisées, il y a lieu de retenir actuellement les suivantes :

— *Destruction de toutes les mauvaises herbes* qui peuvent se trouver près des plants ; *Attention à porter aux légumineuses* et à certaines plantes comme le *Bixa orellana* et le *Gardenia grandiflora* qui servent d'hôtes au parasite ; *Pulvérisation* sur les plants parasités d'une émulsion savonneuse à 2 %. (Choisir des pulvérisateurs à agitateur et faire poser des disques et des soupapes de cuir).

Des essais satisfaisants ont été faits aux Indes britanniques, avec le *cyanure de calcium*, épandu en poudre très fine, à la dose de cent kilogrammes à l'hectare. Toutefois, l'emploi de cet insecticide étant assez délicat et son action sur les plantes pouvant être, dans certaines conditions, défavorable (pendant une période de sécheresse, par exemple), il est plus prudent de lui préférer l'émulsion savonneuse. En tous cas, les poudrages au cyanure de calcium ne doivent être effectués, par un même coolie, qu'une demi-journée au plus par 24 heures. Lorsque le parasite existe sur des théiers en âge d'être taillés, la pulvérisation de l'émulsion doit être faite immédiatement après la taille, les bois coupés étant brûlés sans retard sur place.

La récolte à la main des hémiptères doit être effectuée, de préférence, dès le début de la journée.

On peut augmenter la résistance des arbustes par *l'apport d'engrais appropriés* qu'une expérimentation faite sur place et bien conduite permet seule d'indiquer avec rigueur. Un point très important est la nécessité absolue d'entreprendre et de poursuivre le traitement, même si le nombre des insectes est peu élevé.

De très jeunes théiers en pépinières qui étaient couverts de *Pucerons* en ont été débarrassés complètement et sans le moindre inconvénient pour les feuilles par une pulvérisation de l'émulsion pétrolée déjà mentionnée dans le chapitre relatif au caféier. Outre ce produit, divers autres donnent des résultats satisfaisants. Ce sont :

a) *Le Chloryl en émulsion.*

L'émulsion de chloryl, employés avec succès au Laboratoire, est un liquide blanchâtre ininflammable, miscible en toutes proportions à l'eau froide qui doit être de préférence non calcaire, circonstance généralement réalisée en Cochinchine. Elle peut être utilisée avec les divers modèles de pulvérisateurs, encore que ceux à agitateur soient plus indiqués. Son pouvoir insecticide est élevé, surtout contre les pucerons. Au moment de l'emploi, on étend le chloryl (une partie pour 6-10 parties d'eau). On agite vivement l'émulsion avant de la verser dans l'eau ; au fur et à mesure que l'on verse lentement la première dans la seconde, on agite le mélange afin d'obtenir un produit homogène. Quelques essais préliminaires au traitement sont nécessaires pour fixer avec sécurité la quantité d'eau à ajouter à l'émulsion.

b) *L'Extrait savonneux de pyrèthre.*

La poudre de pyrèthre fraîche est un excellent insecticide. De plus, elle présente le grand avantage de ne pas être nuisible aux feuilles des végétaux traités. L'extrait savonneux bien préparé est, selon Fleischer, sans danger pour les plantes. Pour l'obtenir, on dissout 3 kilogrammes de savon mou dans 10 litres d'eau chaude ; on ajoute ensuite, en agitant 1 kg. 500 de poudre de pyrèthre (laquelle doit être fraîche pour être efficace) et 90 litres d'eau froide. Ce produit a donné en Europe d'excellents résultats. La poudre de pyrèthre peut également être employée directement en poudrages. Elle pénètre dans les replis des feuilles et atteint les pucerons qui s'y trouvent.

II. — ORTHOPTÈRES.

Plusieurs plantations d'Annam ont eu à se défendre contre des attaques de gryllides, parmi lesquels *Brachytrypes* sp. Ce dernier insecte est nuisible aux jeunes caféiers, aux cotonniers, aux cacaoyers, au tabac, au riz, au jute, aussi bien qu'aux théiers. Ses dégâts sont nocturnes. Le jour, l'adulte se tient dans des galeries profondes parfois de 40 centimètres et peu éloignées des jeunes plants attaqués.

La lutte peut être organisée de la façon suivante :

A. *Au moyen de pièges.*

1° Dans des trous à parois verticales verser une émulsion de pétrole dans l'eau (2 % de pétrole) ;

2° Constituer des abris-pièges à l'aide de tas de feuilles. Les Brachytrypes s'y dissimulent le jour. Visiter fréquemment ces pièges où l'on capture les insectes.

B) *Au moyen d'appâts toxiques.*

Ces derniers sont préparés selon la formule :

    Son .... de 10 à 12 kg. ;
    Sel .... 0 kg. 500 .
    Acide arsénieux .... 0 kg. 500.

Ces trois corps sont mélangés intimement à sec. Puis on ajoute la solution suivante :

    Eau .... 2 litres ;
    Mélasse 2

La mélasse peut être supprimée sans inconvénient pour l'efficacité de l'appât. On mélange, de nouveau, très intimement, pour que tout le son soit imprégné de liquide. Si le mélange est trop sec, on ajoute une faible quantité d'eau (deux litres au plus). L'appât doit être préparé au moment de l'emploi. Les manipulations des produits toxiques ne doivent être faites qu'avec précautions ; il faut exiger des coolies qu'ils se lavent les mains après ces opérations.

L'appât est semé le soir à la tombée de la nuit. La condition essentielle pour son efficacité est que le mélange des produits soit le plus intime possible. La quantité de son semée à l'hectare varie de 30 à 60 kilogrammes, suivant la gravité de l'attaque. Il faut surveiller les animaux domestiques pour éviter des empoisonnements possibles.

III. — COLÉOPTÈRES.

De jeunes théiers situés en Annam ont été attaqués par des « vers blancs » (larves de Scarabéides). Le traitement indiqué pour la protection des caféiers est ici applicable, sous réserve des possibilités économiques.

PARASITES DU COTONNIER

I. — HÉMIPTÈRES.

Une attaque par un *Dysdercus* sp. a été signalée en novembre 1939. Cet insecte appartient au groupe des « *cottonstainers* » ou « *red bugs* » des Anglo-Saxons. Le nombre des espèces de ce genre est assez élevé ; la détermination de l'espèce indochinoise (ou des espèces ?) sera faite ultérieurement au cours d'investigations qui vont être entreprises. Les « *punaises rouges* » sont polyphages. Elles attaquent les cotonniers, les hibiseau, les kapokiers, le petit mil, etc. On en a trouvé piquant, pour en extraire l'huile, des graines d'arachides voisines de Malvacées. Les adultes, dont la coloration générale est rouge, ont environ 12 m,m. de longueur.

Les dégâts sont causés par les larves et par les adultes. Ils se réunissent au sommet des cotonniers, piquent de leur rostre les parties vertes des rameaux, des capsules, des graines. Ces nombreuses piqûres provoquent l'apparition de taches sombres, même la chute des fruits. En outre, les fibres des capsules parasitées sont salies par l'huile qui sourd des trous faits par l'insecte, par les déjections de ce dernier ; également, par les corps des larves que l'on écrase à la récolte et pendant l'égrenage. En tenant compte des possibilités d'application, les mesures suivantes doivent diminuer sensiblement le nombre des *Dysdercus*.

A) *Destruction des insectes* : Par des enfants qui secouent les extrémités des cotonniers au-dessus de récipients contenant de l'eau et du pétrole.

B) *Constitution de pièges* : Au moyen de fruits de kapokiers qu'on met contre les cotonniers à protéger et qu'on visite fréquemment pour tuer les parasites qui s'y trouvent.

C) *Destruction des amas de graines et de fibres* situés près des champs de cotonniers.

D) *Destruction de certaines plantes spontanées* (surtout de la famille des Malvacées), hôtes possibles du *Dysdercus*.

E) *Apport d'une fumure* à dominante de potasse et surtout d'acide phosphorique. La fructification est ainsi régularisée et améliorée. Attention à porter aux doses d'azote : l'excès provoquant un trop grand développement foliacé et donnant des tissus tendres que l'insecte attaque de préférence.

Outre ces différentes mesures, il est hors de doute que les espacements à laisser entre les plants, qui ne doivent pas être trop serrés, ainsi que le choix des variétés, qu'il y a intérêt à prendre précoces, doivent compléter le programme de lutte contre la punaise rouge.

II. — LÉPIDOPTÈRES

Une pyrale, le *Sylepta derogata* dévore les feuilles des cotonniers, à l'intérieur desquelles sa chenille s'enroule. Chaque chenille peut manger plusieurs feuilles ; dans ces conditions, la défoliation survient. On a remarqué — et cette remarque semble s'appliquer également à l'attaque par le *Dysdercus* sp., que les variétés locales souffrent beaucoup moins que les variétés importées. La mort peut être la conclusion pour ces dernières. Le *Sylepta derogata*, qui est un parasite secondaire en temps normal, est cependant à surveiller. Il est probable que cette pyrale a plusieurs ennemis Hyménoptères qui en diminuent le nombre. Des feuilles de cotonniers prélevées au Cambodge et envoyées au Laboratoire en janvier portaient d'ailleurs d'assez nombreux cocons blancs de ces Hyménoptères. Le rôle de ces auxiliaires pourrait être amplifié par des mesures judicieuses qui nécessitent au préalable des études suivies pour ne pas causer de mécomptes.

La lutte contre le *Sylepta derogata* consiste d'abord en un *échenillage* qui peut être fait en même temps que le ramassage des *Dysdercus*. Bien entendu, il faut laisser en place, sur les feuilles, les cocons blancs des Hyménoptères, au reste très visibles. La situation des chenilles du *Sylepta* à l'intérieur des feuilles roulées rend plus problématique l'action des insecticides. Toutefois, l'expérience vaudrait d'être tentée (dans des champs d'essais par exemple), de *poudrage à arséniate de chaux*, poison employé aux États-Unis contre le boll-weevil (*Anthonomus grandis*). Une fois le coton récolté, il faut *nettoyer les champs*, *incinérer les débris végétaux* qui s'y trouvent, *labourer* pour tuer les chenilles faiblement enfouies en terre et qui seront le point de départ d'invasions ultérieures. Enfin, si des Malvacées sont proches de cotonniers, il est indiqué de les surveiller de près, afin de détruire les chenilles qui s'y trouvent au début de la saison et qui sont issues des premières pontes.

III. — COLÉOPTÈRES.

Le Laboratoire a reçu du Tonkin quelques Chrysoméliens voisins du g. *Nisotra*. Ces Coléoptères, longs de 4 millimètres, parasitent les feuilles, souvent les plus jeunes, dans lesquelles ils font des trous. On conçoit que le grand développement de ces insectes puisse causer de graves préjudices aux cotonniers. On lutte contre eux au moyen de pulvérisations :

Arséniate de chaux (en poudre très fine) .... 175 grammes ;
Chaux .... 2.000 —
Eau .... 100 litres.

Il est prudent, eu égard à la faible résistance des jeunes feuilles, de ne pas augmenter dans cette formule la proportion d'arséniate et de faire un traitement d'essai sur quelques cotonniers.

PARASITES DE LA CANNE A SUCRE

I. — Isoptères.

Au début de l'année, des boutures de cannes à sucre, nouvellement mises en terre rouge, ont été attaquées par des *termites*. La protection en peut être assurée, d'abord par l'état de propreté du sol utilisé ; également, par immersion dans une solution contenant :

> Arséniate de plomb .... 500 grammes ;
> Eau .... 100 litres ;

des boutures que l'on va planter.

B. — Hémiptères.

Des cannes à sucre de terre rouge de Cochinchine ont porté en septembre-octobre des cochenilles du genre : *Pseudococcus* accompagnées de fumagine. Il faut d'abord détruire les cochenilles : les champignons de la fumagine étant entretenus par les substances sucrées secrétées par les Hémiptères disparaissent avec ces derniers.

De nombreuses formules de bouillies insecticides ont été proposées. Ces bouillies doivent, avant tout, dissoudre l'enduit cireux qui protège les insectes et qui chez les *Pseudococcus* est épais. On augmente leur efficacité en faisant de très près les pulvérisation. Voici plusieurs formules qu'on peut facilement préparer.

A. *Émulsion pétrolée.* (formule de Riley).

Elle a été indiquée précédemment dans le paragraphe relatif aux insectes du caféier.

B. *Solution de savon.*

> Savon noir .... 500 grammes ;
> Eau .... 1 litre.

Le savon est dissous dans de l'eau bouillante. On obtient, par refroidissement, un produit pâteux qu'on étend avant l'emploi (1 partie du mélange pour 25 parties d'eau).

C. *Alcool amylique.*

> Alcool amylique .... 1 partie ;
> Savon noir .... 1 partie.

L'alcool et le savon noir sont mélangés en parties égales. On dilue au moment de l'emploi 1 partie du mélange pour 15 parties d'eau.

D) *Bouillie sulfo-calcique* (self-boiled).

Cette bouillie est d'un usage courant aux États-Unis, en Italie, en Afrique du Nord, etc.

Chaux vive	15 kg.
Soufre	15 kg.
Eau	600 litres.

On met la chaux et 20 litres d'eau bouillante dans un récipient d'une capacité de 600 litres. Dès que la chaux se délite en dégageant de la chaleur, on ajoute le soufre qu'on a préalablement réduit en pâte à l'aide d'eau chaude. On agite en ajoutant lentement de l'eau bouillante pour obtenir une pâte claire. Il en faut de 15 à 20 litres. Pour conserver la chaleur dégagée par la chaux, il est bon de couvrir le récipient. Lorsque le mélange a cessé de bouillir, on complète à 600 litres avec de l'eau. Il ne faut pas laisser cette bouillie séjourner longtemps dans le récipient avant de l'employer.

En règle générale, tous ces produits insecticides doivent être essayés sur quelques cannes avant d'être utilisés en grand. Les résultats des essais indiquent s'il y a lieu de modifier légèrement la dilution des diverses bouillies et dans quel sens.

III. — LÉPIDOPTÈRES.

Le parasite important de la canne à sucre, en Cochinchine, est une pyrale : le « *moth-borer* » (*Diatraea* sp.). Les dégâts qu'il cause aux cannes sont les suivants : Sur les jeunes cannes, alors que les feuilles extérieures sont vertes, celles intérieures sont jaunes et desséchées. Cette phase du parasitisme est nommée le « *dead heart* ». D'autres insectes d'ailleurs, peuvent produire cette altération. Les jeunes cannes sont souvent tuées par le mothborer. Les cannes plus âgées résistent : si l'on fait une coupe longitudinale dans une tige parasitée, on note la coloration rouge de la moelle le long des galeries de l'insecte : coloration due à un champignon : le *Colletotrichum falcatum*, qui détermine la pourriture rouge ou « *red rot* » et provoque une diminution du taux de saccharose et une augmentation de celui de glucose. De nombreux essais de lutte ont été entrepris partout où le Diatraea existe, particulièrement aux États-Unis. Voici les moyens qui peuvent donner des résultats favorables :

a. *Destruction des fragments de tiges* restant dans les champs, aux abords des hangars et des usines après le broyage des cannes. Lavage à grande eau des véhicules ayant servi au transport de ces dernières.

b. *Conservation des feuilles* qui se trouvent sur le sol après la récolte ; leur destruction tuant les hyperparasites qui peuvent s'y trouver et qui diminueront ultérieurement le nombre de borers.

c. À la récolte, *coupe des cannes le plus près possible du sol* pour ne pas laisser d'abris aux chenilles.

d. *Maintien en état de propreté des extrémités des champs* ; destruction des hautes graminées qui croissent près de ces derniers.

e. Au moment de la multiplication des cannes, pendant une heure, *trempage des boutures* : soit dans la bouillie bordelaise à 2 %, soit dans une solution de sulfate de nicotine à 40 % de nicotine (1 partie de sulfate dans 500 parties d'eau). Une importante Société de plantations de Cochinchine se propose de traiter par immersion les boutures à planter pendant la campagne 1929-1930. Pour que ces mesures de prophylaxie soient efficaces, il faut qu'elles soient appliquées systématiquement à un vaste territoire. Sinon, les parcelles ainsi protégées sont réinfectées.

PARASITES DU KAPOKIER

Les insectes qui vivent dans le kapokier et sur cet arbre sont nombreux. Les « borers » trouvent dans son bois tendre un milieu propice à leur existence. Jusqu'à ce jour le Laboratoire a reçu de divers points de Cochinchine les insectes dont les noms suivent :

Dysdercus cingulatus	Rhynchote, Pyrrochoride.
Alcides obesus	
Alcides scenicus	
Hypomeces squamosus	Coléoptères, Curculionides.
Onychopoma sp.	
Desmidophorus breviusculus	
Homaloplia ruricola	Coléoptères, Scarabéides.
Apogonia splendida	
Conoderus capucinus	Coléoptère, Élatéride.
Podagrica semirufa	Coléoptère, Chrysomélien.
Zeuzera coffeae	Lépidoptère, Cosside.

Un programme de lutte contre les borers doit comprendre deux parties : d'abord, l'action directe, in situ, contre les insectes ; ensuite, l'augmentation de la résistance des arbres que ces derniers recherchent.

Pour détruire les *borers*, plusieurs produits ont été essayés. Bondar, au Brésil, a traité des goyaviers par injection dans chaque galerie d'un centimètre cube de sulfure de carbone ou d'un centimètre cube d'arséniate de sodium à 5 %. A Java, E. Halewijn a protégé de jeunes Albizzia en faisant introduire, dans chaque trou de borer, des fibres de cocotier ou de vieux chiffons bien imprégnés de goudron. L'application de ces divers procédés à la défense des kapokiers doit toujours être précédée d'une expérimentation rigoureuse effectuée sur quelques sujets moyens, dont on interprétera les réactions.

Le kapokier ayant un bois tendre que les larves et les chenilles attaquent volontiers, il est tout naturel de penser à favoriser la lignification par l'apport de fumures appropriées : cendres de bois, chlorure ou sulfate de *potasse*. Ce procédé vaut contre les borers des diverses plantes arbustives de grande culture. Si de jeunes kapokiers abondamment parasités ont dû être recépés, leur reprise est accélérée et améliorée par la fourniture de sulfate d'ammoniaque lors du recépage et de chlorure de potasse quinze à vingt jours plus tard.

Contre les *Chrysoméliens*, les arsénicaux (arséniate de plomb, arséniate de chaux) sont à conseiller tant que les arbres ont une taille assez réduite pour que les pulvérisations soient praticables.

Pour débarrasser les jeunes kapokiers des *Dysdercus*, on fait agiter de grand matin la partie supérieure des plantes au-dessus de récipients contenant soit de la chaux vive, soit de l'eau et du pétrole. Cette pratique permet de détruire également un certain nombre de Chrysoméliens. Outre cela, il faut détruire les Malvacées voisines qui servent de refuges aux *rhynchotes*. Enfin par la disposition de petits tas de graines de cotonnier ou d'arachide particulièrement appréciées des rhynchotes et que l'on visite fréquemment, on peut aisément capturer et détruire un grand nombre de ces parasites.

PARASITE DU PALMIER A HUILE

De nombreuses chenilles d'un rhopalocère : l'*Amathusia phidippus* trouvé également sur le bananier en Cochinchine, ont dévoré les feuilles de jeunes palmiers à huile dans la région de Saïgon.

PARASITES DU TABAC

Au début de 1928, de nombreuses chenilles du *Prodenia litura* (famille des Noctuidae) ont été signalées sur des pieds de Tabac situés près de Saigon. Leur grande abondance les rend en général dangereuses ; les feuilles sont dévorées et les dégâts sensibles. Ce parasite attaque de nombreuses plantes dont voici quelques-unes : Arachis hypogea, Vigna catjang, Lycoporsicum, Oryza sativa (Riz), Zea mais, Saccharum officinalis (Canne à sucre), Gossypium (coton), Hibiscus esculentus, Batatas edulis (Patate), Papaver somniferum (Pavot à opium), etc...

La culture du tabac étant faite par les indigènes, il ne faut retenir que les moyens de lutte suivants applicables sans risques :

a) Établissement de plantations moyennement denses : l'humidité et l'ombre sont favorables au développement de la chenille.

b) Dressage des enfants au ramassage des pontes (lesquelles sont recouvertes de poils jaunâtres) et des jeunes chenilles (qui, avant la première mue, restent groupées). Incinération sur place de tout ce qui a été ramassé. Ce procédé s'est montré très efficace.

c) L'adulte vole la nuit ; pose de pièges lumineux qui permettent de capturer un certain nombre de papillons.

PARASITES DE L'ARACHIDE

I — LÉPIDOPTÈRES.

De nombreuses chenilles (probablement de pyrales ?) actuellement en élevage au Laboratoire ont été signalées en novembre 1929 comme parasites des feuilles d'arachides en terre grise. Les dégâts causés peuvent être graves si le nombre des chenilles est important. Rien ne s'oppose, du point de vue technique, à l'emploi d'insecticides internes. Il est probable que l'opération est économique. L'arséniate de plomb et l'arséniate de chaux sont indiqués, selon les formules suivantes :

    Arséniate diplombique pur .... 150 grammes ;
    Eau .... 100 litres.

    Arséniate de chaux (en poudre très fine) .. 200 grammes ;
    Chaux 3.000
    Eau .... 100 litres

II. — Coléoptères.

Des vers blancs ont causé quelques dégâts à des arachides dans le Sud Annam. Les moyens de lutte indiqués pour la protection des caféiers sont applicables ici. Les possibilités économiques guident dans le choix des divers procédés.

PARASITES DE CULTURES DIVERSES

Vigne.

Des rameaux prélevés en août 1928 sur des vignes sauvages de l'île de Poulo-Condore et mis en observation au Laboratoire ont donné naissance à plusieurs exemplaires d'une pyrale qui parasite les feuilles et cause des dégâts comparables à ceux que les chenilles du *Sylepta derogata* font au cotonnier. Le limbe est dévoré par les chenilles ; lorsque celles-ci sont sur le point de se transformer en chrysalides, elles découpent, chacune sur 3 côtés, un fragment du limbe dont elles se recouvrent. La sortie des adultes a lieu après une période de repos qui varie de 13 à 15 jours. Des grappes mises en observation n'ont révélé aucun insecte parasite.

Filao.

De la région de Phan-thiêt, sont parvenus au Laboratoire des rameaux de filao parasités par le borer rouge : *Zeuzera coffeae*. Les moyens signalés ci-dessus pour la destruction des borers peuvent être mis en œuvre.

Sesbania grandiflora.

Une pépinière de *Sesbania* établie en terre rouge a été visitée en juin 1928 par deux coléoptères : le *Luperus lividus* (famille des Chrysomelidae) et l'*Epicauta insularis* (famille des Meloïdae). L'un et l'autre ne sont attaqués aux feuilles. Le premier qui était le plus abondant n'a été trouvé sur aucune des plantes avoisinant la planche de *Sesbania*. Il existe au Tonkin un insecte voisin de l'*Epicauta insularis*. C'est l'*E. impressicornis* signalé par Du port comme parasite des cultures vivrières, dont il dévore les feuilles ; l'*E. lemniscata* vit aux États-Unis ; l'*E. antennalis* aux Indes Britanniques. Ils sont également ennemis du riz, du poivrier etc... Les meilleurs résultats obtenus aux États-Unis contre l'*E. lemniscata* l'ont été par des saupoudrages de fluosilicate de sodium appliqués à du soja à la dose d'environ 18 kilogrammes à l'hectare.

POMME DE TERRE.

Les vers blancs déjà signalés en Annam sur caféier, sur théier, sur arachide, sur haricot, se sont attaqués à des cultures de pomme de terre.

PROTECTION DES SEMIS.

A) CONTRE LES COURTILIÈRES

Des *taupes-grillons* se sont montrés gênants pour des semis dans le Sud-Annam. Voici quelques moyens de protection employés en Europe :

a) *Inondation des galeries* verticales de ces orthoptères avec de l'huile, de l'essence de térébenthine ou bien encore une émulsion savonneuse de pétrole ou de sulfure de carbone.

b) *Injections de sulfure de carbone* au pal ou dans des trous faits au plantoir : (30 grammes par mètre carré répartis en 5 trous de 20 centimètres environ). Des résultats satisfaisants ont été obtenus par ce procédé.

c) Dépôt de *naphtaline* sur le sol (150 grammes par mètre carré). Ce produit éloigne simplement les courtilières.

d) *Épandage sur le sol des parcelles parasitées, de grains de maïs cuits, puis saupoudrés d'acide arsénieux.* Le maïs est enterré superficiellement au râteau. Cette pratique permet de détruire un nombre élevé de courtilières. Il faut éloigner les animaux domestiques qui seraient empoisonnés.

e) *Constitution d'abris-pièges* : le sol est ameubli, de place en place, sur une épaisseur d'environ 15 centimètres. Sur ces zônes travaillées, on met de petits tas de fumier, les taupes-grillons s'y réfugient. En retournant périodiquement les pièges, on détruit un grand nombre d'insectes.

f) *Destruction des œufs* : lorsqu'on voit de petits monticules de terre meuble au milieu de plantes desséchées, creuser doucement le sol jusqu'à 25-30 cm. Les œufs s'y trouvent dans une coque de terre durcie. Les enlever et les écraser. Les conditions locales guideront dans le choix de tel ou tel de ces procédés de protection.

B) CONTRE LES ORTHOPTÈRES EN GÉNÉRAL.

L'Indochine ne subit pas d'invasions désastreuses d'orthoptères. Mais il arrive assez souvent que de jeunes plants en pépinière soient détruits par ces insectes, acridiens, locustides ou gryllides. Le plus sûr moyen de les protéger consiste en épandages, autour des plates-bandes visitées.

d'appâts empoisonnés. Le son à l'acide arsénieux employé en France
par M. Vayssière contre le criquet marocain et signalé au chapitre relatif aux parasites du Théier a donné, en Annam, de bons résultats contre
les gryllides.

C) CONTRE LES FOURMIS

De jeunes Eucalyptus en pépinière ont été protégés contre les fourmis
par la constitution autour de la plate-bande, d'un cordon de chloryl
cristallisé, large de quelques centimètres. Le produit a résisté à une pluie
d'intensité moyenne.

DESTRUCTION DE TINEIDES.

Des draperies détériorées par des chenilles de Tinéides ont été débar-
rassées de ces parasites par l'emploi d'un mélange préconisé aux Etats-
Unis par MM. R. T. Cotton et R. C. Roark. Ce mélange qui fut employé
à Saigon à raison de 190 grammes par mètre cube pendant 24 heures à
la température moyenne de 20° C. se compose, en volume, de trois parties de dichlorure d'éthyle et d'une partie de tétrachlorure de carbone.
Il est très efficace contre les parasites des produits entreposés. Il est ininflammable, non explosif ; son emploi relativement peu coûteux n'attaque pas les métaux, ne tache pas les étoffes ; il est sans action nocive
sur l'organisme humain. Son action insecticide a été mise en évidence
sur une grande échelle par les auteurs précités, qui utilisèrent dans un
réservoir d'une capacité de 13 mètres cubes le mélange déjà cité à des
doses variables et pendant des temps différents. La dose, par mètre cube,
de 190 grammes du mélange en contact pendant 24 heures à la température de 18° C. détruit la totalité des insectes (*Anthrenus vorax* —
Tineola biselliella — *Hagenus piceus*). MM. Cotton et Roark ont réa-
lisé d'autres expériences qui ont prouvé qu'à la température de 26°5 C.
une dose de 225 grammes du mélange par mètre cube tue des Coléoptères comme le *Tribolium confusum*, le *Calandra oryzae*, l'*Oryzaephilus
surinamensis* et des Lépidoptères comme le *Plodia interpunctella*, tous
parasites dangereux des grains des céréales ou de la farine. Ce pouvoir
insecticide élevé trouvera peut-être un jour son application en Cochinchine où les ennemis du paddy sont abondants.

DESINFECTION DE GRAINES DE CAFEIER

Au cours de la période 1928-1929 la désinfection obligatoire des graines
de caféier à Saigon, a porté sur 162 kg. 800. Elle est assurée actuelle-

ment par l'essence de térébenthine. Ce procédé ne nuit pas à la faculté germinative. Au reste, sur chacun des lots traités, deux séries d'échantillons prélevées, l'une avant, l'autre après la désinfection que nous assurons, sont mises en germoir dans des conditions identiques. Des expériences qui ont déjà pu être réalisées dans cette voie, il ressort que le traitement semble diminuer légèrement la vitesse de germination sans en affecter l'intensité. Il semble également que les diverses variétés de caféiers soient sensibles à des degrés différents à l'action des désinfectants. C'est ainsi que des graines d'Excelsa, de Robusta, d'Uganda, soumises à Saïgon exactement aux mêmes traitements, puis mises en germoir ont montré des différences non négligeables résumées dans le tableau et le graphique ci-dessous. L'interprétation de ce dernier montre entr'autres choses, que les graines de Robusta témoins mises en germoir le 25 septembre n'ont commencé de germer que le 17 octobre, tandis que les trois séries de graines : Excelsa, Robusta, Uganda désinfectées à Saïgon et mises en germoir le 28 septembre ont germé le 15 octobre.

	UNE DÉSINFECTION (au pays expéditeur) Nombre de graines germées			DEUX DÉSINFECTIONS (la seconde à Saïgon) Nombre de graines germées		
DATES	Excelsa	Robusta	Uganda	Excelsa	Robusta	Uganda
	%	%	%	%	%	%
25-9	Mise	en	Germoir			
28-9	. . .	. . .	. . .	Mise		Germoir
10-10	21.42	0	0	0	0	0
20-10	85.33	26.31	17.46	28.57	3.67	5.55
30-10	92.85	72.93	65.07	70.50	30.27	41.11
10-11	92.85	79.69	74.60	78.99	60.55	51.11
20-11	92.85	82.68	74.60	80.67	66.05	53.33
30-11	92.85	84.96	80.15	82.35	71.55	57.77
7-12	92.85	84.96	80.15	82.35	71.55	60 00

Bien entendu, il serait prématuré de tirer des conclusions des essais précédents trop peu nombreux. Des facteurs totalement étrangers à la désinfection et capables de fausser les résultats interviennent (l'état de maturité des diverses graines expédiées, par exemple). Mais ce contrôle, effectué à chaque opération que l'Inspection aura à faire, fixera par la comparaison de nombreux chiffres, le comportement des différentes variétés vis-à-vis du désinfectant actuellement employé. Lorsque le temps le permettra, d'autres produits insecticides seront essayés, puis employés si les résultats ont été favorables.

TRAVAUX DE CRYPTOGAMIE

PAR

H. BABAT,

Chef du Laboratoire de Cryptogamie de Saïgon.

Au cours des deux dernières années quatre maladies importantes nous ont été signalées. L'une sur l'*Hevea* et l'autre sur le *Caféier* viennent d'être reconnues comme des anthracnoses complexes : Nous en parlerons plus loin. Les autres sur *Albizzia* et sur *Tréquier* n'ont été que très sommairement étudiées en 1928 et leur cause n'a pu être déterminée.

Sur *Albizzia* il s'agirait d'une sorte de *die back* qui compromet la végétation des caféiers cultivés sous leur ombre. Certains planteurs ont émis l'hypothèse d'une attaque de *Corticium* qui est un parasite classique de l'*Albizzia*. D'après M. Cérighelli il y aurait toutefois une autre maladie et les échantillons observés portaient des lésions très différentes de celles du *Corticium*. Il n'y avait aucune trace de mycelium superficiel.

Sur *Tréquier* la maladie a été étudiée par les services locaux de l'agriculture qui se sont efforcés de trouver une méthode de lutte. Ils sont arrivés à cette conclusion que le développement de la maladie n'était possible que dans des sols épuisés. Les organismes qui la déterminent n'ont pas été mis en évidence.

Nous donnons ci-dessous les observations qui ont été faites au sujet des autres cultures.

MALADIES DU CAFEIER

I. — *Hemileia vastatrix* Berkeley et Broome dont la présence a été reconnue sporadiquement ne cause aucun dégât. D'ailleurs le climat du Sud Indochinois ne semble pas favorable aux Urédinées.

II. — *Corticium salmonicolor* B. et Br. a été signalé au Kontum et dans le Nord-Annam à partir de mars. La lutte contre ce parasite est

affaire de surveillance et de soins. Elle consiste essentiellement à couper
et brûler les organes malades dès la moindre attaque pour empêcher la
propagation du parasite. Des badigeonnages antiseptiques seront faits à
titre préventif quelques jours avant les premières pluies à la base des
branches. La bouillie bordelaise à 2 % convient très bien dans ce but.
Les traitements curatifs sont généralement inefficaces. L'évolution du
parasite est favorisée par un ombrage excessif.

III. — *L'anthracnose*. — FRONTOU, Chef du Secteur agricole du Haut
Donai nous a signalé dès le mois de juin l'existence dans ce secteur de
différentes affections du caféier. Nous avons pu au cours d'une rapide
tournée dans la région tomber d'accord avec lui pour estimer que la
plupart de ces affections relevaient de causes entomologiques ou non
parasitaires : vers blancs, cochenilles, vent, insolation, épaisement du
sol, nature du sol.

Une seule maladie, d'ailleurs peu répandue cette année, a été recon
nue d'origine cryptogamique. Elle s'attaque particulièrement aux ra
meaux fructifères et semble survenir quand le fruit atteint sa taille défi
nitive, avant la véraison. Les feuilles tombent, le rameau noircit à sa
pointe et se couvre de plaques subéreuses ; le noircissement gagne vers
la base du rameau ; les fruits pourrissent. La pourriture commence, soit
à l'insertion pédonculaire, soit au point de contact entre deux fruits,
soit à l'insertion du calice, toujours en un point où des gouttes d'eau,
sont susceptibles de séjourner. Il y a véraison précoce du fruit, brunis-
sement du point d'infection avec dépression des tissus (lésion en coup
de pouce). La pourriture gagne tout le péricarpe qui noircit. Assez fré
quemment la graine est envahie à son tour et subit une pourriture humide. CÉRIGHELLI avait déjà signalé cette maladie comme pouvant causer
une diminution importante de la récolte par chute des fruits. La cause
en était jusqu'alors inconnue. Les caractères macroscopiques de la ma
ladie lui faisaient toutefois penser à une forme d'anthracnose (telle que
Nilgiri twig disease). De fait jusqu'à présent aucune fructification n'a été
rencontrée sur des organes en place. On a pu toutefois par culture isoler
à partir des fruits un *Gloeosporium* qui d'après les dimensions de ses
spores peut être rattaché au *Colletotrichum* (*Gloeosporium* *coffeanum*
Noack) ce qui confirmerait l'hypothèse d'une anthracnose.

D'autres champignons ont également été rencontrés dans nos cultures,
notamment un *Phyllosticta* et peut être aussi *Sclerotium Rolfsii* sous sa
forme fasciée stérile (Maladie de Surinam). Leur rôle dans l'évolution
de la maladie n'est probablement pas négligeable et mérite une étude
approfondie. Il serait surtout intéressant de faire des cultures en partant
des tiges et des pédoncules fructifères. La question est donc loin d'être

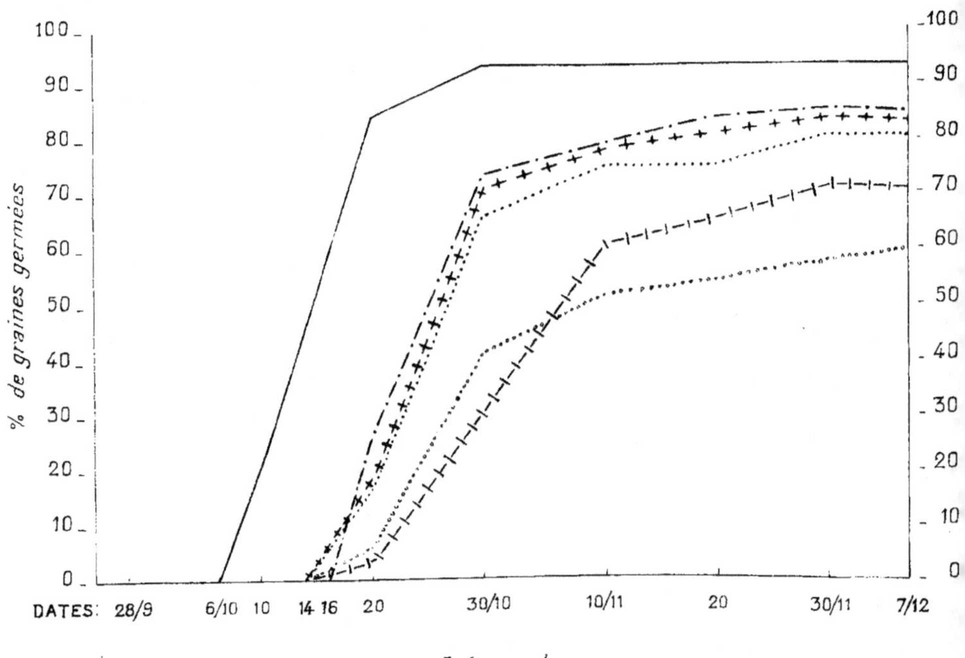

% de graines germées
100
90
80
70
60
50
40
30
20
10
0
DATES: 28/9
6/10
10
14 16
20
30/10
10/11
20
30/11
7/12
Légende:
Excelsa
Robusta } témoins
Uganda
Excelsa
Robusta } désinfectés à Saigon
Uganda

encore résolue. Mais les recherches sont obligatoirement suspendues jusqu'à la prochaine saison des pluies.

Une maladie analogue nous a été signalée par le Chef du Secteur agricole du Bas-Laos. Elle est actuellement à l'étude.

Lutte : A. — *Mesures d'hygiène générale.*

1° Voir si l'ombrage n'est pas excessif ;

2° Répandre une formule d'engrais complet adaptée au terrain et aux exigences du caféier.

B. — *Traitement préventif.*

Faire une pulvérisation, avec de la bouillie bordelaise à 2 %, très soigneusement préparée, quelque temps avant l'époque où l'on sait que la maladie doit apparaître. Le verdet et la bouillie sulfocalcique seraient peut-être d'un prix de revient moindre dans les exploitations éloignées des grandes voies de transport.

C. — Dans le cas où l'on constaterait l'apparition de la maladie couper aussitôt et brûler les rameaux portant la moindre atteinte, même s'ils ont beaucoup de fruits. Faire deux pulvérisations espacées de huit jours et une troisième au bout de quinze jours.

MALADIES DE LA CANNE A SUCRE

L'état sanitaire de cette culture paraît excellent. On observe toutefois fréquemment des pourritures bactériennes à la suite de dégâts d'insectes.

MALADIES DU COCOTIER

Des échantillons de très jeunes fruits tombés portaient d'abondantes fructifications de *Botryodiplodia theobromae* Pat. Nous ne pensons pas toutefois que ce champignon soit la cause première de cette chute des fruits qui ne se produit d'ailleurs que dans des parcelles mal drainées.

MALADIES DE L'HÉVÉA

I. — MALADIES DES RACINES.

A. — Il semble qu'une seule maladie de racine véritable existe en Indochine, encore n'est-elle pas susceptible de causer des dégâts étendus.

Il s'agit d'une pourriture sèche des racines attribuée à *Fomes lamao-ensis* Murrill. (*Hymenochaete noxia* Berkeley). Ce parasite n'est d'ailleurs pas spécial à l'*Hevea* et il provient certainement des souches laissées en terre après défrichement. Il s'attaque en effet à de très nombreuses espèces d'arbres forestiers et à plusieurs plantes utiles sur lesquelles il n'a d'ailleurs jamais été rencontré en Indochine ; à savoir notamment : Théier, Caféier, Kapokier, Erythrine, Albizzia, Jacquier.

Le champignon attaque le système radiculaire en n'importe quel point, gagne le pivot et le collet. Il peut même passer sur la tige jusqu'à une dizaine de centimètres au-dessus du sol. Les arbres atteints restent verts très longtemps, aucun symptôme ne décelant la présence du parasite. Puis le feuillage jaunit, devient languissant. L'arbre finalement perd ses feuilles et meurt en deux à trois jours même en pleine saison des pluies. Si l'on déracine alors cet arbre on voit que le pivot est entouré d'un manchon de terre de 3 à 4 millimètres d'épaisseur. Si on lave à l'eau même en frottant énergiquement on n'arrive pas à enlever toute cette terre. Un feutrage mycélien noir très adhérent l'emprisonne dans ses mailles. En coupant en long la racine on ne constate aucune désagrégation des tissus qui ont conservé leur dureté primitive au moins quelque temps. Mais le bois porte des maillures brunes au voisinage du collet. Il est noirci par endroits. Au-dessous de la zone à maillures on voit des lignes mycéliennes sinueuses généralement brunes, quelquefois noires traversant le bois diamétralement ou le long de l'écorce.

On n'a jamais trouvé les fructifications du *Fomes*. En fait elles apparaissent tardivement après la mort de l'arbre qui est souvent dévoré par les termites ou arraché avant qu'elles puissent se produire. Elles se présentent sous la forme d'un chapeau zoné concentriquement, brun pourpre avec une chair brun-jaune. La face inférieure du chapeau sur laquelle s'ouvrent les pores est brun-foncé ou brun-pourpre. Il se peut d'ailleurs qu'il existe plusieurs espèces assez voisines dont la description diffère plus ou moins de *Fomes lamaoensis* Murr.

D'après Petch cette maladie ne se propage d'un arbre à l'autre que par contact direct entre les racines et très lentement ; de sorte que généralement l'arbre attaqué est mort avant d'avoir contaminé ses voisins. Donc si l'on arrache l'arbre avec toutes ses racines secondaires (jusqu'à 70 cm. de profondeur) immédiatement après sa mort on aura toute chance de ne perdre qu'un seul arbre. La maladie jusqu'ici n'a été observée que sur de jeunes arbres de deux à quatre ans mais elle est susceptible de s'attaquer aux arbres âgés. Elle tue généralement ceux qu'elle atteint. Il s'agit donc d'une maladie physiologiquement très grave, puisque mortelle, mais économiquement bénigne, puisqu'il est très facile d'en limiter les dégâts en prenant les mesures suivantes :

Atelier de désinfection, Saigon.   Police sanitaire des végétaux

Atelier de désinfection, Saigon.   Préparation des gaz toxiques

Atelier de désinfection, Saigon.   Moteur et surpresseur planche

Atelier de désinfection, Saigon.   Tank de désinfection.

1° Tout arbre mort ou présentant un début d'attaque est immédiatement déraciné. Il ne suffit pas d'arracher le pivot. Il faut encore suivre les racines latérales le plus loin possible. Le même traitement sera appliqué aux souches voisines. Tous les débris ligneux rencontrés dans le sol seront ramassés et brûlés avec les organes arrachés.

2° On déchaussera les arbres voisins pour inspecter leurs grosses racines latérales du côté du point d'infection. Ceux qui présentent de symptômes d'attaque seront arrachés.

3° On chaulera tout le terrain environnant et l'on enterrera en plus 25 kg. de chaux à la place de chaque arbre ou souche enlevés.

4° Si toutes ces opérations étaient bien faites on pourrait remplacer immédiatement les arbres éliminés. Pratiquement il reste toujours de petits foyers d'infection dans le sol. Aussi, vu le danger de contagion et la gravité du mal pour les arbres atteints, nous pensons qu'il est sage d'entourer la zone contaminée d'un fossé de 70 cm. de profondeur en rejetant soigneusement la terre de déblai vers l'intérieur. On ne remplacera l'arbre tué que six mois à un an après son arrachage. Il y a nécessité d'un arrachage immédiat et complet. Petch cite le cas d'*Hevea* plantés en ligne à 14 pieds d'intervalle (4 mètres 50 environ). L'un fut atteint de la maladie à 8 ans et en mourut. On le laissera en place. Deux ans après son voisin mourut. Deux ans après le troisième arbre mourut de la même maladie. Si l'on n'était pas intervenu toute la rangée aurait ainsi disparu. L'évolution de la maladie est lente mais fatale.

B. — On a trouvé dans une pépinière de stumps greffés d'importation des stumps morts sans avoir repris et dont le pivot portait à sa surface des touffes de mycélium blanc et soyeux sortant par des déchirures de l'écorce. Cultivé au laboratoire ce mycélium a donné des fructifications que nous n'avons pas obtenues à l'état de maturité et qui semblent être celles d'un *Xylaria*. Nous ne pensons pas qu'il s'agisse là de *Xylaria Thwaitesii* Cooke signalé sur *Hevea* aux Indes *Néerlandaises* et à Ceylan comme probablement parasite : Il est vraisemblable que nous avons affaire à un saprophyte poussant sur bois mort. Une surveillance est toutefois nécessaire.

C. — Le *Sphaerostilbe (Corallomyces) repens* B. et Br. a été trouvé sur un certain nombre de stumps greffés de provenance étrangère et dont la destruction a été réalisée au port de Saigon. L'un des envois portait d'abondantes fructifications conidiennes et des rubans mycéliens bien formés. Le parasite paraissait avoir fructifié dans le cours du transport. En effet, les pivots portaient de nombreuses plaies d'arrachage que l'on avait enduites de paraffine. On voyait par endroits des fructifications pointer à travers cette couche de paraffine, qui d'ailleurs recouvrait simplement des rubans mycéliens. La maladie n'existe pas en Indochine. Elle s'attaque à l'*Hevea* mais est surtout dangereuse pour le Théier. On la connaît également sur papayer et sur jacquier.

! · MALADIES DE LA SURFACE SAIGNÉE.

Il semble exister en Indochine trois maladies graves de la surface saignée : le *patch canker* et le *stripe canker* dus à des *Phytophthora* et le *brown bast* qui paraît être une affection non parasitaire. Certains planteurs étrangers prétendent avoir vu le *Sphaeronema*. Sans vouloir affirmer que la maladie n'existe pas en Indochine, on peut dire que jamais aucune fructification du champignon n'a été rencontrée.

a) Le *Stripe canker* paraît beaucoup plus fréquent que le patch canker. Toutes les grandes plantations connaissent maintenant la maladie et son traitement, de sorte que chez elles cette affection ne fait aucun dégât. Il n'en est pas de même dans beaucoup de petites plantations qui la négligent bien à tort. Son traitement est pourtant bien simple et peu coûteux. Il consiste simplement : 1° à arrêter la saignée dans les cas graves ; 2° à badigeonner la surface saignée avec du carbolineum à 20 %.

Le brown bast est trop souvent confondu avec le patch canker. Il y a pourtant un gros intérêt à séparer ces deux affections dont le traitement est radicalement différent.

b) Le *patch canker* est une pourriture de l'écorce saignée. Cette pourriture commence dans les couches externes de l'écorce et gagne en profondeur en même temps qu'elle s'étend en surface. L'écorce attaquée au lieu d'être rose ou blanche est d'une couleur pourpre qui devient noire par la suite. La zone attaquée est séparée par une ligne de démarcation bien nette des tissus restés sains. Extérieurement on voit des exsudations de latex.

Le traitement est le suivant :

1° Arrêter la saignée ;

2° Gratter les tissus malades ;

3° Badigeonner la plaie avec du carbolineum à 20 %.

c) Le *brown bast* est essentiellement caractérisé par un tarissement plus ou moins absolu de la surface atteinte. Les couches profondes de l'écorce dans la région libérienne sont brunes ou d'un jaune grisâtre. Il n'y a parfois qu'une simple ligne brune au voisinage du cambium. Les exsudations de latex sont rares. L'écorce reste généralement dure et sèche. Très souvent on observe des nodules qu'il faut enlever aussitôt, avant qu'ils aient pu se souder au Cambium. Le traitement indiqué par KETCHENUS subit suivant les cas différentes variantes. *Si la surface saignée n'est atteinte que sur une partie de sa longueur on devra :*

1° Délimiter la surface atteinte par un léger grattage de l'écorce ;

2° L'isoler du reste de l'écorce par une incision profonde atteignant le cambium ;

3° Si l'on opère en saison des pluies, badigeonner la surface ainsi limitée avec du carbolineum ;

4° Continuer la saignée.

Si toute la surface est atteinte :

1° On grattera l'écorce presque jusqu'au cambium pour déterminer exactement les limites de la zone atteinte ;

2° On isolera complètement cette zone par une rainure atteignant le cambium faite un centimètre à l'extérieur de ses limites ;

3° En saison des pluies on badigeonnera la blessure au carbolineum à 5 % ;

4° On reprendra alors la saignée en dessous ou à côté.

b) Les Nodules ligneux. — Ils sont très fréquents même en dehors des cas de brown bast et se produisent surtout lorsque la saignée est mal faite. Dès qu'on les constate on doit les arracher autant que possible avant leur soudure au cambium : la plaie se referme alors rapidement et complètement. Les nodules ne sont pas rares sur de jeunes arbres qui n'ont jamais été saignés. Il y a lieu d'éliminer de tels sujets, même s'ils sont par ailleurs d'une belle venue.

III. - MALADIES DU TRONC ET DES BRANCHES.

Corticium salmonicolor B. et Br. — La maladie fait de moins en moins de dégâts par suite des mesures prophylactiques très sérieuses qui sont prises dans toutes les plantations.

Botryodiplodia Theobromae Patouillard. — Quelques cas ont été signalés au début de la saison des pluies. Il a déterminé la mort d'un certain nombre de jeunes arbres dans les extensions 1927 et 1928 surtout. Son mycelium n'a jamais été observé dans le bois du tronc. Généralement il formait seulement dans l'écorce un long ruban rectiligne de tissus pourris pouvant aller de la cime au collet. On l'a même rencontré sur une grosse racine. Il a paru dans la plupart des cas s'introduire, non par la cime comme dans les die backs, mais par des blessures de la tige provoquées par des animaux. C'est donc contre ceux-ci qu'on devra se tourner pour prévenir les dégâts. Son attaque n'est pas toujours mortelle. Souvent il tue une bande d'écorce, puis, la sécheresse survenant, les lésions se dessèchent et un bourrelet cicatriciel se forme. Les tissus morts tombent ensuite laissant le bois à nu sur de grandes longueurs. Les sujets ainsi attaqués doivent être remplacés : ils sont destinés à être cassés par le vent ou à rester rabougris et difformes.

Gloeosporium sp. — Au début de la saison des pluies quelques cas ont été signalés sur une extension de 1927 en terre grise. Le parasite semble très virulent et s'attaque à des arbres parfaitement sains. Les fructifications étant très peu abondantes il a été possible de faire disparaître la maladie en coupant et brûlant les organes malades. Il s'agit probablement de *Gloeosporium alborubrum* Petch.

La maladie à lenticelles. — M. Wormser avait observé et étudié ces deux dernières années une maladie des jeunes *Hevea* dont les caractères sont les suivants : Il s'agit d'un *die back* épidémique qui sévit au cours de la saison des pluies aussi bien en terre rouge qu'en terre grise. La maladie apparaît sur des arbres disséminés çà et là qui contaminent leurs voisins en formant tache. Avant l'apparition de toute lésion on voit se former des lenticelles très nombreuses et très saillantes sur une partie bien verte de la tige qui normalement n'en porte que quelques-unes à peine visibles. Ces lenticelles ont un aspect caractéristique. Elles sont allongées dans le sens de la tige et divisées en deux par une ligne médiane comme un grain de café. Leur dimension très variable peut atteindre 3 millimètres. Elles sont surtout abondantes au voisinage des pétioles ; on en trouve parfois sur les pétioles eux-mêmes. En étudiant ces régions à lenticelles, M. Wormser avait observé un mycelium circulant dans les couches profondes de l'écorce. Ce mycelium peut rester fort longtemps sans se manifester autrement que par cette hypertrophie des lenticelles. Il se forme parfois des plaques subéreuses craquelées laissant suinter du latex ou de la sève. Si les conditions extérieures deviennent favorables l'évolution de la maladie se précipite ; une plage brune apparaît, généralement autour d'une des plaques subéreuses ou des plus grosses lenticelles à une distance de trente à soixante centimètres du sommet de la tige. Cette plage s'étend dans tous les sens, rapidement vers le bas, très peu vers le haut. Elle entoure bientôt complètement la tige. D'autres plages apparaissent plus bas et la tige prend un aspect marbré vert et brun. L'écorce se ride et pourrit entièrement puis noircit ; le bois et la moelle brunissent. La partie supérieure de la tige se dessèche alors et se couvre de divers champignons. En même temps les feuilles tombent par foliole, le pétiole restant adhérent à la tige . Dans certains cas l'écorce pourrit jusqu'au collet et l'arbre meurt. D'autres fois la partie verte est seule tuée. Le plus souvent le bois aoûté est attaqué jusqu'à un niveau très variable. Quand les conditions extérieures deviennent défavorables aux champignons, c'est-à-dire lorsque la sécheresse survient, l'évolution de la maladie est arrêtée net. Les lésions se déssèchent et des rejets partent en dessous de la région morte. Le jeune arbre est alors déformé, il est affaibli et a perdu au moins une année de croissance. Il paraît s'agir là encore d'un parasite très virulent qui s'attaque à tous les arbres même les mieux venus et les plus vigoureux pourvu que les conditions météorologiques lui soient favorables. Un temps couvert et sombre avec une atmosphère saturée d'humidité semblent être les conditions optima. Celles-ci se trouvent d'ailleurs pleinement réalisées à plusieurs époques durant la saison des pluies et surtout au mois de septembre.

M. Wormser ayant recueilli les échantillons très typiques de la maladie, on a pu entreprendre la culture des champignons qui la déterminent. On est parti de fragments de tissus verts ou légèrement brunis prélevés à la limite d'une lésion à son début. Toutes les cultures ont donné un mélange de *Gloeosporium* sp. et de *Botryodiplodia theobromae* Patouillard. Des cultures entreprises à partir de deux autres séries d'échantillons d'origines différentes ont donné les mêmes résultats. (En aucun cas on n'a trouvé de *Phytophthora*, ni dans les tissus, ni dans les cultures). L'association de ces deux champignons bien connus provoque donc une maladie caractérisée avec les particularités suivantes :

Une phase d'incubation très longue avec apparition de lenticelles hypertrophiées. L'absence en général de fructifications de l'un et l'autre parasite. Seul le *Diplodia* fructifie quelquefois, mais son évolution s'arrête au stade *Macrophoma*. La présence du mycelium dans des régions de la tige absolument saines.

M. Wormser a montré en effet que le mycelium était présent dans l'écorce partout où l'on trouvait des lenticelles hypertrophiées. Or ce fait est extrêmement important au point de vue du traitement de la maladie. On devra en effet couper la tige beaucoup plus bas que la région morte. Pratiquement on pourra compter comme infectée, en dessous de la région malade une longueur deux fois égale à la longueur de cette dernière. Si l'on coupe dans cette zone où les tissus paraissent pourtant bien sains on risque de voir la maladie se développer jusqu'au collet et tuer l'arbre. Au contraire en coupant en dessous de cette zone dans des tissus non contaminés on aura une reprise vigoureuse de la végétation. Il faut bien entendu faire une section en biseau bien nette et désinfecter la plaie au coaltar. On brûlera les organes coupés qui pourraient se couvrir de fructifications et répandre la maladie si on les laissait pourrir sur le sol.

Cette maladie tue très peu d'arbres, mais elle en abîme beaucoup, étant susceptible de se répandre sur de grandes surfaces. On doit donc, dès son apparition, recéper les arbres atteints pour les empêcher de contaminer leurs voisins.

La Fusariose de l'Hevea. — VINCENS avait signalé un *Fusarium* provoquant des chancres sur les écorces d'*Hevea*. On a observé cette année une autre forme de dégâts sur de jeunes arbres d'un à deux ans. La maladie a fait son apparition à la fin de la saison sèche, au mois d'avril. Les jeunes arbres avaient des écoulements de latex abondants. L'écorce subissait une pourriture sèche sur de grandes surfaces. En la grattant légèrement on observait des mouchetures brun-jaune à contour diffus. Les lésions plus avancées étaient brunies et entourées d'une zone rouge. Aucune fructification n'a été observée en place. Par culture on a obtenu un *Fusarium* dont l'espèce n'a pas été déterminée.

Traitement. — Les arbres atteints seront recépés cinq centimètres en dessous des dernières lésions visibles.

Dessèchement non parasitaire des pointes en terre grise. — Le phénomène est classique dans les terres soumises à un lessivage intensif par les eaux de pluie. Son intensité est accrue par l'entraînage. En terrain accidenté c'est au sommet des pentes qu'il sévit avec le plus d'intensité. Le remède préventif est l'emploi d'une plante de couverture en saison des pluies. Le remède curatif est beaucoup plus coûteux. Il s'agit d'une véritable régénération du sol, de la restitution des matières fertilisantes et notamment de l'humus entraînées par les pluies. Mais ceci est un problème d'agriculture générale.

Les altérations des bois de greffe d'Hevea importés. Mesures prophylactiques à prendre. — On a trouvé sur les bois de greffe importés plusieurs champignons connus comme des parasites plus ou moins faibles de l'*Hevea* et qui causaient sur ces bois des altérations diverses. Jusqu'ici 4 espèces seulement ont pu être nettement identifiées par des fructifications observées soit sur l'échantillon lui-même soit en culture, ou par des lésions caractéristiques. Ce sont :

Gloeosporium alborubrum Petch ;

Botryodiplodia theobromae Pat. ;

Fusarium sp. ;

Ustulina maxima (Weber) von Wettstein.

Ce dernier n'a été rencontré qu'une fois et n'était d'ailleurs pas fructifié. Il formait un feutrage blanc qui devint noir entre bois et écorce et donnait sur le bois en décomposition les lignes noires sinueuses qui caractérisent les lésions attribuées à ce champignon.

C'est sur le même échantillon que l'on a trouvé dans une région où l'écorce s'était décollée du bois d'abondantes fructifications de *Fusarium* sp. Ces fructifications poussaient entre bois et écorce dans une région qui était sans contact avec l'atmosphère de sorte qu'on pouvait supposer une contamination antérieure à l'emballage. Ce champignon ne doit pas jouer un rôle pathogène important, mais il provoque un dessèchement de l'écorce et empêche la reprise des greffons. En tous cas cet envoi de bois de greffe donna un pourcentage de reprise insignifiant. Il paraît possible qu'il se produise dans ce cas une contamination du sujet par les greffons infectés, les lésions d'*Ustulina* se développant facilement au voisinage du collet. Il y a donc lieu lorsqu'un bois de greffe est reconnu atteint d'*Ustulina* d'enlever les greffons qui n'ont pas repris et de passer au coaltar la plaie de greffage si l'on désire employer à nouveau le sujet.

Le *Gloeosporium alborubrum* Petch n'a été diagnostiqué qu'une seule fois : une plage de fructifications roses se trouvait à l'extrémité d'un morceau de bois. Il y avait des rides profondes et du noircissement de l'écorce qui était pourrie sur une grande surface. Le bois était bruni profondément. Le *Gloeosporium* étant connu comme un parasite extrêmement virulent en Cochinchine, on a dû arrêter cet envoi qui n'aurait d'ailleurs donné qu'un pourcentage de reprise à peu près nul.

Le *Botryodiplodia theobromae* Patouillard est de beaucoup le champignon le plus fréquent sur les bois de greffe importés. Il provoque une pourriture humide de l'écorce dont l'intérieur brunit ; il y a ensuite noircissement et dessiccation. Au bout de 15 jours environ des fructifications caractéristiques apparaissent sous la forme de coussinets d'un noir velouté souvent entourés d'une moisissure blanche. Cette pourriture débute généralement à l'une des extrémités ou aux deux extrémités simultanément. Elle tend à envahir très rapidement toute l'écorce. Lorsqu'un bois de greffe même bien turgescent porte à son extrémité un anneau de tissus brunis par le *Diplodia* on peut en l'écorçant discerner le long du cambium un ruban rectiligne de tissu, bleuté et diaphane sur les bords, noirâtre au milieu, d'une largeur d'environ trois à cinq millimètres sur une épaisseur d'environ 1 mm. et une longueur qui peut atteindre 1 mètre. On trouve dans cette région une ou deux hyphes mycéliennes. Observé 12 heures plus tard ce ruban s'est considérablement élargi vers sa naissance et a bruni sur une grande longueur ; d'autres sont nés à côté de lui. Au bout de 18 heures on trouve des plages de tissus pourris disséminés sur toute la surface du bois de greffe. Même employés aussitôt après leur débarquement de tels envois ne peuvent donner un pourcentage de reprise intéressant : cinquante pour cent au moins de leurs yeux peuvent être considérés comme contaminés. Parfois la contamination est très légère pour beaucoup : En enlevant les bandes au bout de quinze jours, on pourra trouver 50 à 70 % de réussite. Mais quinze jours plus tard les greffons, quoique s'étant bien collés au sujet auront pourri et le pourcentage de reprise s'abaissera en définitive aux environs de dix ou trente pour cent, et dans certains cas à zéro.

Le *Diplodia* a causé cette année aux importateurs de bois de greffe un préjudice considérable. On peut dire que deux envois sur trois étaient contaminés. C'est particulièrement sur les jeunes bois à écorce verte ou incomplètement subérifiée que cette pourriture se développe jusqu'à rendre l'envoi complètement inutilisable. Ceux qui portent encore des cicatrices d'insertion foliaire sont les plus abîmés, surtout lorsque l'effeuillement a été mal fait ou trop tardivement, qu'il reste des fragments de pétiole ou que la couche de liège cicatriciel ne s'est pas suffisamment développée.

Pour prévenir de tels dégâts il faut prendre les mesures suivantes :

Expédition de bois bien aoûtés à écorce totalement subérifiée. Désinfection avant l'emballage par immersion dans un bain de sulfate de cuivre ou de bouillie bordelaise. Paraffinage des extrémités sur une moins grande longueur : 2 à 3 mm. au plus. Il suffit en effet de paraffiner la plaie de section pour conserver au bois sa turgescence et il semble que l'asphyxie des tissus causée par la paraffine favorise beaucoup le développement de la pourriture.

L'emballage qui donne le meilleur résultat est la fibre de coïr légèrement humide. On peut même l'humecter à l'aide d'une solution de de sulfate de cuivre à 0,5 %. Ces simples précautions doivent suffire à supprimer les inconvénients signalés ci dessus et en les employant on pourra compter avec les bois de greffe d'importation sur un pourcentage de reprise presqu'aussi bon qu'avec les bois du pays.

Le die back des stumps greffés. — Tous les arbres greffés à quelqu'espèce qu'ils appartiennent sont sujets à s'infecter par les plaies de gref-
tage si l'on ne prend pas les quelques mesures d'hygiène qui sont in-
dispensables en pareil cas. Cette infection est rendue plus facile lorsque
le sujet est affaibli par un long voyage de sorte que sa reprise est difficile et lente. C'est ainsi que l'*Hevea* lui-même, plante dont la robus-
tesse est pourtant bien connue n'est pas indemne de ces inconvénients.

Lorsqu'une greffe a réussi, la partie du sujet située au-dessus de son
insertion se dessèche et meurt. Cette partie morte devient alors la proie
de champignons parasites faibles ou saprophytes tels que *Diplodia usta-
lina* et différentes stilbacées. Mais, pour peu que les conditions météorologiques le favorisent, le champignon une fois introduit dans la plante
est susceptible de passer des tissus morts dans les tissus vivants. De saprophyte il devient parasite. Il gagne par le bois peu à peu vers le bas,
en commençant par envahir le côté opposé au greffon, région de moindre
résistance. Lorsque l'attaque est parvenue à un certain niveau l'alimen-
tation en eau du greffon devient insuffisante. Il se dessèche et meurt.
Parfois le champignon progresse par l'écorce plus vite que par le bois ;
il s'attaque alors directement au greffon par sa partie supérieure. Il
l'envahit tout autour du bourgeon qui finit par se dessécher. Ce die
back n'est pas spécial d'ailleurs aux stumps greffés. Qu'un stump ordinaire soit planté à contre-temps, qu'une circonstance quelconque rende
sa reprise difficile, il sera sujet aux mêmes affections si l'on n'a pas
pris les précautions suivantes :

Tailler son extrémité en un biseau bien net, rafraîchi à la serpette
de préférence. Désinfecter la plaie au coaltar. Couper la tige d'autant
plus court que la racine est plus courte et que l'humidité du sol est
moins grande.

Lorsqu'il s'agit de stumps greffés qui ont voyagé, l'infection peut
s'être produite avant l'emballage, parfois au cours du transport on a
remarqué que les extrémités peintes ou paraffinées sans désinfection
préalable étaient plus fréquemment attaquées que celles passées simplement au coaltar. Lorsqu'il s'agit de stumps dont la greffe a déjà donné
un rameau (en langage commercial : « *stumps greffés* » par opposition
aux « *stumps oculés* »), il convient pour prévenir ces accidents de ra-
fraîchir le rameau jusqu'à une région bien vivante. En tous cas, même
si le rameau est entièrement sain, on devra le raccourcir de manière que
sa longueur n'excède pas la longueur d'un stump ordinaire, compte tenu
des dimensions du pivot ; sans quoi son extrémité pourrait se dessécher
et être également attaquée.

Lorsqu'il s'agit de greffes à œil dormant (stumps oculés), on pourrait
se contenter de couper la partie morte après le départ du greffon. Mais
alors l'ébranlement provoqué par la scie déconsolide le pivot et provoque

des lésions dans les jeunes racines. On est donc amené à retarder outre mesure cette opération, ce qui permet au die back de se développer. D'où des pertes parfois importantes. Il y a lieu de prévenir cet inconvénient en rafraîchissant la plaie avant la plantation. On coupera la tige en dessous de la zone paraffinée et jusqu'à un niveau où les tissus sont parfaitement sains. On passera ensuite une couche de coaltar sur le bois de la plaie en ayant soin de ne pas badigeonner la tige sur plus de 1 à 2 mm. de longueur, ce qui provoquerait des lésions inutilement.

Enfin toute mesure de nature à rendre la reprise plus rapide et à donner de la vigueur aux plants sera également de nature à empêcher le développement de la maladie. Nous conseillons notamment le rafraîchissement des racines. En effet normalement les premières racines secondaires apparaissent lors de la reprise à l'extrémité du pivot. Si celle-ci est malsaine elles se formeront bien plus lentement. Au contraire, si le pivot est rafraîchi par un coup de serpette bien net dans une région où le bois est bien sain et l'écorce sans lésions, les bords de la plaie seront constitués par des cellules bien vivantes capables d'une rapide prolifération. Il se formera très vite un bourrelet cicatriciel dont les bords fourniront des radicelles. Il vaut mieux ne pas goudronner la blessure (sauf le cas où elle atteint un trop grand diamètre).

La grosseur et l'âge des stumps sont des facteurs très importants au point de vue vitesse de la reprise. Il est bien évident qu'un tissu jeune prolifère plus vite qu'un tissu âgé. De plus un stump fin offre une surface de blessure plus faible qu'un stump âgé. D'autre part, un stump trop fin et trop jeune ne contient pas suffisamment de réserves alimentaires dans son pivot. Il est exposé à s'abîmer au cours du voyage et à souffrir à la moindre sécheresse, faute d'une longueur suffisante de pivot. Un stump trop gros au contraire est lent à repartir et la phase de réceptivité est pour lui très longue, mais ses réserves sont abondantes, et, ayant un pivot profond, il résiste à des sécheresses durables. Une grosseur de 3 à 6 cm. au sommet du pivot est une bonne dimension moyenne. De tels stumps donnent généralement une reprise rapide tout en offrant en même temps qu'une réserve alimentaire abondante une résistance très bonne à la sécheresse.

L'emballage doit conserver leur turgescence aux stumps sans toutefois les plonger dans un milieu trop chaud et trop humide qui déterminerait une pourriture des tissus. Si l'on pratique le pralinage des racines c'est avec de l'argile pure ou avec une terre lourde et exempte de matières organiques que l'on obtiendra les résultats les meilleurs. Ce pralinage n'est toutefois pas nécessaire quand le voyage est suffisamment rapide : Des envois arrivent en parfaite turgescence dans un simple emballage de coïr humide analogue à celui que l'on préconise pour les bois de greffe. Là encore la désinfection par immersion dans la bouillie

bordelaise avant paraffinage des extrémités semblerait recommandable
pour empêcher le développement d'organismes nuisibles et la pourriture des tissus.

Les précautions proposées demandent beaucoup de main-d'œuvre et
beaucoup de surveillance de la part des Européens ; elles sont largement
justifiées par les hauts prix du matériel sélectionné auquel on ne peut
se permettre de laisser courir des risques aussi facilement évitables

IV — MALADIES DES FEUILLES.

Cephaleuros virescens Kunze provoque des chutes de feuilles dans certaines régions brumeuses et très humides.

Helminthosporium heveae Petch a causé au début de la saison des
pluies la défoliation de jeunes arbres. Aucune attaque grave n'a été signalée.

Phyllosticta heveae Zimmermann a été fréquemment observé en terre
grise sur des sols épaisés ou malsains. L'application d'engrais fait généralement disparaître cette affection peu dangereuse en elle même.

Tschochyta heveae Petch a causé des chutes de feuilles dans des terres
mal drainées et appauvries. La lutte contre ce champignon a été entreprise directement par des pulvérisations cupriques dans une pépinière
de stumps greffés, mais ce procédé de lutte ne peut être retenu dans la
pratique courante

MALADIES DE LA POMME DE TERRE

On a observé dans les hautes régions du Sud-Annam une maladie
présentant tous les symptômes du mildew de la pomme de terre. La
maladie existant dans les Indes il est fort possible qu'elle existe également chez nous. Toutefois le *Phytophthora infestans* de Bary n'a pu
être nettement caractérisé dans les tissus.

Le *Rhizoctonia solani* Kuhn faisait dans les mêmes régions des ravages
considérables, réduisant la récolte à tel point que le cultivateur n'en
tirait plus aucun bénéfice. La gravité des dégâts était probablement due
à l'absence de rotation dans les cultures d'où infection complète du sol.
On peut préconiser l'adoption d'un assolement au moins triennal, ne
comprenant pas d'autre plante sensible à la maladie, arachide notamment. Grâce à cette mesure, à la récolte des semences dans des parcelles
indemnes de la maladie, à leur désinfection au formol, à l'emploi des

engrais, on doit venir à bout de cette maladie et la culture de la pomme de terre continuera à donner des profits très intéressants.

Le *Cacanema radicicola* Greef- Cobb *Heterodera radicicola* Greef Mulher produit des verrues à la surface des tubercules dans les parcelles mal drainées. Les dégâts ne sont pas graves et l'assolement fera disparaître ce parasite en même temps que le *Rhizoctonia*.

MALADIES DU RIZ

Nous ne sommes que très rarement en rapport avec des riziculteurs. Ils pensent sans doute que nous n'avons aucun moyen d'action contre les maladies du riz. En fait, nous sommes désarmés contre une attaque virulente d'un parasite cryptogamique et nous ne pouvons songer le plus souvent à entreprendre une lutte directe contre lui. Par contre, nous avons des méthodes préventives efficaces : Par la désinfection des semences, en empêchant la réinfection du sol par la récolte prématurée des organes malades, par l'emploi des engrais et de la chaux, par la suppression momentanée de l'irrigation nous pouvons souvent intervenir utilement.

Nous avons eu toutefois l'occasion d'étudier différents cas de tiêm dont les uns nous ont paru des maladies non parasitaires et les autres ont pu être attribués soit au *Sclerotium oryzae* soit à d'autres parasites non déterminés.

Vincens ne signale pas en Indochine le *Sclerotium Rolfsii* et nous ne l'avons jamais rencontré sur riz.

Maladies des *nx*. — Des lésions sur racines ont été observées en terre très acide et riche en matières organiques de sorte que des fermentations forméniques pouvaient se produire. Le phénomène est aggravé par la *stagnation de l'eau* et l'asphyxie des racines peut être complète si des *algues* vertes se développent à la surface de l'eau. L'emploi des phosphates naturels ou de la *chaux* et le *renouvellement fréquent de l'eau* paraissent les remèdes les plus efficaces. Dans les cas graves il est bon d'assécher complètement la pépinière pendant quelques jours, jusqu'à ce que la terre soit bien ressuyée.

Maladies des riz repiqués. — On a observé d'autres cas de tiêm au moment de l'épiage et de la récolte. Dans la province de My-tho, le Huong ca Cua distingue : Le tiêm lua — le tiêm hanh — le tiêm sa et le tiêm lun.

Le *tiêm lua* est la forme la plus grave. Tous les plants sont attaqués sur des parcelles entières. La croissance est très retardée. L'épiaison ne se produit pas. Si l'on arrache un plan on constate que la base des feuilles est en voie de pourriture, elle est souvent colorée en brun avec des teintes rougeâtres. Aucun organisme n'est visible ; toutefois au laboratoire on a obtenu comme VINCENS des sclérotes abondantes de *Sclerotium oryzae* Cattaneo.

Le *tiêm banh* paraît être une variété de *tiêm lua* dans laquelle certaines feuilles sont décolorées sur une ou deux bandes parallèles aux nervures, généralement sur toute la longueur de la feuille.

Le *tiêm sa* est caractérisé par un aspect particulier. Les touffes sont maladives avec des feuilles étroites, et lors de l'épiaison une ou deux tiges poussent et fleurissent dans chaque touffe, les autres talles restant herbeuses. Encore les épis formés portent-ils de nombreux grains vides.

Le *tiêm lun* paraît être une variété du *tiêm sa* dans laquelle l'épi prend une coloration brune dont la cause n'a pas été déterminée. Ces différences dans les symptômes du *tiêm lun* et du *tiêm sa* doivent être dus à des époques de contamination différentes.

Très souvent le *Sclerotium oryzae* donne des symptômes analogues au « Straighthead » des auteurs américains : Les épis portant de nombreuses fleurs avortées restent dressés. D'autres fois, il se produit une verse. Les tiges sont pourries un peu au-dessus du niveau d'eau, de sorte que le moindre coup de vent suffit à les renverser ; ou bien elles tombent d'elles-mêmes et alors s'enchevêtrent en désordre donnant exactement le même aspect que le piétin du blé. On a trouvé là les sclérotes de *Sclerotium oryzae* Catt. dans le champ. Ils formaient de petits points noirs sur la paroi interne des tiges.

Traitement A) *Lutte directe.* — L'infection est propagée par les sclérotes qui sont transmis par le sol et par l'eau d'irrigation. La maladie n'est d'ailleurs grave que par suite de l'absence d'assolement. Même après le brûlage des pailles il reste dans les parties les plus basses de la tige des sclérotes qui sont enfouis par le labour. Ils se conservent très facilement d'une année à l'autre et réinfectent la récolte suivante. Pour éviter la réinfection du sol il faudrait donc, dans les parcelles contaminées, arracher les chaumes à la main avant le durcissement du sol et les brûler le plus tôt possible. En tous cas, à défaut de cette opération, il ne faut à aucun prix négliger la vieille coutume du *brûlage des pailles* : On devra brûler le plus tôt possible après la récolte et le plus complètement possible. On évitera de faire passer l'eau d'une parcelle contaminée dans la parcelle voisine, ce qui est impossible sans l'aménagement d'un réseau de canaux. La désinfection du sol par des substances chimiques n'est pas praticable. La chaux pourrait seule être employée. La submersion du sol pendant les quatre mois sans culture a déjà été préconisée ; cette méthode pourrait donner des résultats intéressants.

B) *Lutte par des méthodes culturales.* — Généralement le tiêm n'est grave que dans des parcelles mal drainées et dans des terres pauvres ou contenant des substances toxiques : terres acides, alunées ou très salées. Le champignon n'apparaît alors que comme une cause secondaire qui vient détruire une plante affaiblie par des conditions de milieu défavorables. Très souvent donc la lutte contre le tiêm n'est qu'un problème d'hydraulique agricole et il est probable que si le riz n'était cultivé qu'en *eau courante ou très souvent renouvelée,* jamais le tiêm ne ferait de gros dégâts, pourvu que le sol soit suffisamment riche. L'apport de matières fertilisantes permet en général, même avec des conditions hydrauliques assez médiocres, de diminuer fortement, sinon de supprimer totalement le tiêm.

Des expériences de propagande ont été faites dans la province de My-tho en terres dites « légèrement alunées » par divers commerçants. Elles portaient sur différents phosphates naturels ou sur des mélanges d'engrais phosphatés et potassiques.

Elles mettent en évidence *l'influence de la potasse dans la lutte contre le tiêm.* Les phosphates employés seuls ont généralement peu d'action en terre alunée, alors qu'en terres acides ils agissent comme de bons préventifs, mais il faudrait vérifier si la chaux ne produit pas le même effet. Un champ d'expérience ayant reçu 300 kg. par hectare de phosphates naturels rendit avec du riz hâtif 19,7 quintaux à l'hectare. Une parcelle contiguë ayant reçu 280 kg. d'un mélange d'engrais à base de potasse et de scories donnait dans les mêmes conditions 36,7 quintaux. Dans la parcelle contenant les phosphates seuls le tiêm était très abondant : très nombreux grains vides (Straighthead) et même du piétin. Dans la parcelle contenant le mélange d'engrais il n'y avait pas de verse les grains vides étaient peu nombreux. Dans des terres même légèrement alunées certains phosphates contenant de l'alumine et du fer ont donné, du moins employés seuls, de mauvais résultats. De l'avis des riziculteurs indigènes, le tiêm sévit plus gravement dans les champs contenant de tels engrais que dans les parcelles témoins.

Ustilaginoïdea virens (Cke) Tak. cause le faux charbon. M. BIARD, Ingénieur des Services agricoles de la Cochinchine en a des échantillons provenant de Honquan. Il ne fait aucun dégât.

L'*Helminthosporium* et le *Piricularia* n'ont fait cette année aucun dégât en Cochinchine.

Dans l'ensemble l'état sanitaire du riz en Cochinchine est d'ailleurs bon et l'on peut dire qu'en dehors du tiêm très répandu aucune maladie n'a fait de dégât cette année.

MALADIES DU THÉIER

Le *Botryodiplodia theobromae* Pat. a été observé sur des racines mortes. Il est difficile de dire si le champignon doit être considéré comme effectivement parasite. En tous cas il ne pénètre généralement dans les tissus que par des blessures.

Sur feuilles l'*Exobasidium vexans* Massee et le *Colletotrichum camelliae* Massee paraissent avec le *Cephaleuros virescens* Kunze les maladies les plus importantes. Ces maladies sont dans les cas graves justiciables de traitements cupriques.

*
* *

Il n'y a donc pas actuellement dans le Sud indochinois de maladie qui soit une gêne sérieuse pour la culture, au moins en ce qui concerne nos principales productions. *Riz, Hevea, caféier*. On peut en conclure que ces plantes se trouvent chez nous dans des conditions très favorables à leur développement.

Imprimerie d'Extrême-Orient

* 9 7 8 2 3 2 9 6 7 0 3 9 3 *